NOTES SUR L'IMAGERIE POPU-
LAIRE EN NORMANDIE, PAR
RENÉ HELOT.   M. CM. VIII.

Extrait du *Bulletin de la Société archéologique, historique et artistique LE VIEUX PAPIER*

TIRÉ A CENT EXEMPLAIRES NUMÉROTÉS

NON MIS DANS LE COMMERCE

N° 75

DOCTEUR R. HELOT

NOTES

sur l'Imagerie populaire

EN NORMANDIE

PLANCHES HORS TEXTE ET FIGURES DANS LE TEXTE

LILLE

IMPRIMERIE LEFEBVRE-DUCROCQ

1908

NOTES

sur l'Imagerie populaire en Normandie.

ES images ont été pendant longtemps, avant la vulgarisation du papier de tenture, les seuls ornements des murs à l'intérieur des chaumières. Au 1er janvier, on clouait à la muraille le calendrier du nouvel an, orné le plus souvent d'une image naïve relatant le principal évènement de l'année précédente. A une époque où les convictions religieuses étaient plus vives chez le peuple que de nos jours, constatation faisable sans être accusé de s'occuper de politique et de morale, l'ouvrier aimait à voir, dans son intérieur, des images religieuses ; c'était celle du saint dont il portait le nom, ou bien du patron de sa corporation, ou même l'image d'un *saint guérisseur* rapportée d'un des pèlerinages si nombreux autrefois, ou encore l'image de la Confrérie, de la Charité, dont il faisait partie. Parfois le travailleur, sa journée terminée, avait acheté au colporteur, pour se distraire, une image retraçant un fait politique, le portrait d'un personnage, ou une joyeuseté. Toutes ces décorations mettaient, par leurs couleurs souvent vives, un peu de gaîté dans l'habitation du pauvre. A la fin de l'année, on faisait la toilette de la maison, le calendrier était arraché et remplacé, les images déchirées et salies étaient renouvelées et les anciennes détruites. Ces feuilles illustrées n'étant pas faites pour être conservées, beaucoup sont aujourd'hui introuvables et plus rares que les gravures fines. Les œuvres délicates des grands artistes étaient encadrées soigneusement et placées à l'intérieur des appartements des gens riches ; les images grossières étaient, par leur modique valeur, vouées à une destruction rapide. Quelques-unes présentent cependant plus d'intérêt que les gravures de la même époque dont on faisait tant de cas. Nous admirons certaines estampes du XVIIIe siècle, si recherchées de nos jours, mais nous avouons que, parfois, nous leur préférons une vulgaire image populaire ; que de banalité et de convention dans certaines gravures de second ordre, que de naïveté et même d'art dans quelques images populaires !

Il y a plus de trente-cinq ans, Champfleury écrivait que l'imagerie populaire était trop humble pour intéresser les connaisseurs. Il n'en est plus de même aujourd'hui et la passion des vieilles images que se disputent actuellement les collectionneurs et les bibliothèques publiques est peut-être due à l'auteur de l'*Histoire de l'imagerie populaire*.

L'imagerie populaire a été florissante en Normandie, dans toutes ses formes. A Rouen, à Caen, et à Falaise, se trouvaient autrefois des centres actifs de la *Bibliothèque bleue*, sœur de l'imagerie populaire. Les imprimeurs qui répandaient par milliers les petits livres, qui se faisaient une spécialité de ces impressions, composaient, souvent en même temps, les calendriers illustrés, les images de confréries, les canards et tous les genres d'images populaires.

Grâce aux documents que nous avons trouvés à l'Exposition d'imagerie populaire organisée à Rouen par M. G. Ruel, au profit du rachat de la maison natale de Pierre Corneille, grâce surtout à M. Ed. Pelay, qui a bien voulu non seulement nous ouvrir ses cartons, mais aussi nous offrir des tirages de quelques-uns des anciens bois faisant partie de ses collections ; grâce enfin au concours de beaucoup des Membres de la Société *Le Vieux Papier*, nous avons pu amasser des documents sur plusieurs branches de l'imagerie populaire normande. Que tous ces aimables collaborateurs reçoivent nos remerciements [1].

Notre intention n'est pas de faire l'histoire complète de l'imagerie en Normandie ; nous voulons seulement publier quelques notes, reproduire quelques pièces rares et donner la liste de celles que nous connaissons. Ce travail pourra peut-être, dans l'avenir, être utilisé par quelqu'un désireux d'écrire une histoire générale de l'imagerie populaire.

---

1. Les tirages des bois anciens ont été faits par M. Dervois, imprimeur à Rouen, il a exécuté ce travail avec soin et avec le goût du collectionneur qu'il est.

I

Les calendriers illustrés rouennais.

Il ne faut pas confondre l'almanach et le calendrier ; l'almanach est un livre, le calendrier un tableau. Le calendrier rouennais seul nous occupera, n'ayant pas de documents sur ceux imprimés dans les autres villes de la Normandie, et voulant faire cette étude d'après des pièces connues de nous ou des renseignements puisés à des sources sûres. Suivant ce même principe, quand nous étudierons l'imagerie populaire proprement dite, nous nous étendrons assez longuement sur les fabriques caennaises et nous dirons peu de choses de celles de Rouen.

Sans faire l'histoire du calendrier, à lire dans l'ouvrage de Champier, *Les anciens almanachs illustrés* [1], nous pouvons rappeler que le calendrier est devenu une feuille volante au XVe siècle ; avant il se trouvait dans les livres d'heures ; puis, pendant une centaine d'années, on lui préféra l'almanach ; il fut remis à la mode au début du XVIIIe siècle, il devint alors illustré et les graveurs les plus en renom ne dédaignèrent pas de composer pour eux de véritables œuvres d'art ; au XVIIIe siècle, l'illustration plus grossière ne présente pas moins d'intérêt. A cette époque, un grand nombre d'imprimeurs composaient des calendriers illustrés à Paris et en province : il est regrettable de ne pas trouver dans le livre de Champier, si curieux, la description de ceux imprimés dans les principales villes de la France. Cette omission s'explique à cause de l'intérêt moins grand, au point de vue artistique, des calendriers rouennais, et M. Ch. de Beaurepaire fait remarquer, à ce sujet, que la communauté des imprimeurs de Rouen n'offrait pas, au nouvel an, aux personnages dont ils voulaient gagner les faveurs, les calendriers sortis de leurs presses, mais achetaient pour ce cadeau des calendriers parisiens [2].

A Rouen, les calendriers sont tous à peu près du même modèle (sauf ceux imprimés chez Émile Périaux, qui conservent l'aspect général, mais sont plus petits) : ils mesurent cinquante centimètres de hauteur sur quarante de largeur, à quelques millimètres près ; à la partie supérieure se trouve l'image, au milieu le calendrier proprement dit, et sur les côtés le texte,

---

1. Bibliothèque des Deux-Mondes, L. Frinzine et Cie, Paris, 1886.

2. Sur l'historique des calendriers et des almanachs à Rouen, consulter le discours de M. Ch. de Beaurepaire, prononcé à la soixantième assemblée générale des Bibliophiles normands, le 4 décembre 1893.

expliquant le plus souvent le sujet représenté [1]. Nous publions en planches hors texte cinq spécimens des images placées en tête des calendriers rouennais ; ce sont des épreuves tirées sur les bois anciens appartenant à M. Ed. Pelay. L'aspect d'un calendrier dans son ensemble est donné par la reproduction de celui composé par Pierre Seyer pour l'année 1785, à l'occasion de « l'enlèvement du ballon de Blanchard, au Champ-de-Mars de Rouen », les 23 mai et 18 juillet 1784 (planche VI).

Parmi les graveurs auxquels on doit des bois de calendriers rouennais, il faut citer, en première ligne, Pierre Le Sueur, fils du second lit de Pierre Le Sueur (1636-1716) et frère de Le Sueur dit l'aîné et de Vincent Le Sueur ; il mourut à Rouen en 1750. Nous ne connaissons pas les œuvres de Pierre Le Sueur destinées à orner des calendriers [2] ; cependant Lebreton, dans sa *Biographie rouennaise*, écrit que son œuvre peut-être la plus importante est l'illustration des calendriers publiés à Rouen par Oursel, et Papillon cite de lui les douze mois de l'année, pour un calendrier de cet imprimeur [3].

Nous avons vu au contraire plusieurs bois anciens, signés Papillon, dans la collection de M. Ed. Pelay : en particulier, un feu d'artifice, une bataille, une vue de Rome, un bombardement de ville et la place Louis XV, à Paris. Nous connaissons encore, du même graveur, l'image du calendrier de 1763, de chez Behourt, représentant une fête bachique ; il est daté de l'année 1761 et a servi en 1765 pour illustrer un autre calendrier. Jean-Michel Papillon descendait de Jean Papillon, né à Rouen, qui, lui, avait gravé des figures de cartes à jouer ; nous savons que c'est bien lui l'auteur de ces planches, parce qu'il a eu la bonne idée de réunir toutes ses œuvres dans trois volumes in-folio, qu'il donna en 1762 au Cabinet des Estampes. Ce recueil existe encore, il porte ce titre : *Œuvres de J.-M. Papillon, contenant la collection des frontispices, vignettes, fleurons, culs-de-lampe et autres sujets qu'il a gravé depuis 1712 jusqu'à 1760 et suiv.* Papillon a fait lui-même le catalogue de ses œuvres, il est dans ce recueil. On y trouve l'indication des *Grandes en-tête de calendriers* gravées par lui. En voici la liste, avec les notes de l'auteur :

Réception du Roy à Rouen.
Siège et prise de Berghopsom.
Vuë de Dieppe.

---

1. La plus grande partie du calendrier est imprimée en noir ; le titre, les mois, la lune et les fêtes de l'année sont imprimés en rouge. Dans le calendrier de 1785, que nous donnons en réduction, la gravure est en deux couleurs, rouge et noir, c'est une exception. Sur les calendriers du XVIIe siècle on trouve quatre bois formant un cadre autour du calendrier proprement dit.

2. Ce n'est pas tout à fait exact : en 1797, un imprimeur de Rouen utilisa, pour orner son calendrier, un vieux bois, représentant l'adoration des bergers ; il est signé L. Nous pensons, sans en avoir de preuves, que cette gravure est de Le Sueur.

3. J.-B. PAPILLON, *Traité historique et pratique de la gravure sur bois*, à Paris, chez P.-G. Simon, 1766. Tome I, page 322.

Grand feu d'artifice pour la naissance du duc d'Aquitaine[1].

Planche des naissances.

Grande planche, Saluti Delphini, fait en grande haste.

Grande planche, la France devant le buste de Louis XV, aussi promtement faite.

Planche de la naissance du duc de Berry, aussi croquée et faite à la haste[2].

Planche des Saisons.

Planche de l'ouverture de la Porte Sainte.

Planche d'un feu d'artifice.

Vuë du fort St Philippe, proche Port-Mahon, en 1752; le tout croqué et fait à la haste[3].

Vuës de Lisbonne avant son désastre et au moment qu'il est arrivé.

Vuë de l'intérieur de Port-Mahon.

Naissance du comte d'Artois[4].

Bataille d'Hastemberg, pour grand calendrier.

Autre bataille d'Hastemberg dessiné et gravé plus proprement, toutes deux faites en 1757.

Couronnement du pape fait en 1758.

Autre couronnement et la même année, d'une gravure plus fine[5].

Desfaite des Anglois proche St Malo, en 1758.

Autre desfaite des mêmes moins proprement gravé.

Attaque du fort Carillon en Amérique inutilement faite par les Anglois en 1758.

Bombardement du Havre en 1759[6].

Bataille arbitraire en 1759.

Planche de Ramponneau en 1761.

Place de Louis XV en 1763[7].

Nous n'avons pu nous rendre au Cabinet des Estampes pour consulter ces recueils; il est probable que plusieurs de ces *grandes en-tête* ont illustré d'autres calendriers que ceux imprimés à Rouen. Si plus tard quelqu'un reprenait ce travail sur les calendriers en placards de Rouen, nous sommes persuadé qu'il parcourrait ces ouvrages avec fruit. Nous devons cette liste à la grande amabilité de Mme et de M. Paul Flobert. Il est précieux, quand des occupations ne permettent pas d'aller puiser aux sources mêmes, de rencontrer des collaborateurs aussi empressés que connaisseurs.

---

1. Ces quatre planches se trouvent dans J.-B. PAPILLON, *Traité historique et pratique de la gravure sur bois*, tome II, page 8.
2. *Ibid.* Tome II, page 9.
3. *Ibid.* Tome II, page 10.
4. *Ibid.* Tome II, page 11.
5. *Ibid.* Tome III, page 69.
6. *Ibid.* Tome III, page 70.
7. *Ibid.* Tome III, page 71.

Parmi les graveurs de calendriers rouennais au XVIII° siècle, il faut encore citer Cotte (calendrier de 1777). Plus tard nous trouvons des artistes moins grands, mais peut-être plus amusants : Dubuc, auteur de plusieurs bois relatifs à la vie de Napoléon, et d'une assez grande quantité de sujets des plus populaires, notamment l'Histoire de Geneviève de Brabant et celle de Pyrame et Thisbé. Signalons encore les noms de Neveu et Dujardin.

Il est assez difficile de dire à quelle époque les premiers calendriers furent imprimés à Rouen, à cause de la confusion qui existe entre les almanachs *en feuilles* et les almanachs livres, qui portent indifféremment le nom d'almanach, jusqu'au XVIII° siècle ; peut-être, parce qu'ils donnent tous deux les pronostics de l'année, usage qui disparut à la fin du XVII° siècle.

Nous ne pensons pas que les imprimeurs rouennais aient imprimé des calendriers avant 1557, car à cette date Pierre Gaultier, libraire à Rouen, faisait venir de Lyon « deux cents almanachs en feuille à 25 solz le cent [1] », s'il avait pu les trouver à Rouen, il les y aurait achetés. D'ailleurs les permissions d'imprimer des *almanachs*, accordées par le Parlement de Normandie, que nous connaissons, sont postérieures à cette acquisition.

Gosselin, dans son travail sur les imprimeurs rouennais, note les permis suivants ; nous les signalons sans savoir s'ils ont été donnés pour de véritables calendriers : En 1573, une permission fut accordée à Richard Lallemand ; en 1592, à Martin Le Mesgissier ; en 1594, 1603 et 1604, à Pierre Courant ; et en 1604, à Théodore Rainsart et Louis Costé. Le 8 novembre 1616, Nicolas Hamillon, dont nous connaissons un calendrier pour l'année 1619, était autorisé à vendre deux almanachs pour 1617, l'un composé par Robert Dolbeau, l'autre par Jean Petit ; Hamillon faisait partie d'une famille d'imprimeurs rouennais célèbres. Le Parlement de Normandie accorda aussi des permis d'imprimer à Louis Dumesnil, le 2 août 1630, pour l'almanach de Pierre Larrivey, pour celui de Jean Petit et pour celui composé par Honoré Lalouette, de la ville d'Eu ; et le 5 septembre 1631, pour les mêmes almanachs. En 1670, le Parlement donnait un permis à Laurent Machüel, pour l'almanach composé par Mlle Armande Desjardins, baronne de Neufchâteau, native de *Monts en Haynault* [2].

On trouve le nom de beaucoup d'imprimeurs de Rouen, au bas des calendriers dont nous donnons plus loin la liste : il faut citer, avec Hamillon, Machüel et Dumesnil, qui composaient également de véritables almanachs, les Oursel qui se sont succédé de 1612 à 1795. N'oublions pas les Behourt et les Seyer qui vivaient à la même époque : les Behourt imprimaient encore en 1811 ; la maison Seyer devint la maison Seyer-Behourt de 1723 à 1808, puis passa successivement dans les mains de Lemoine, de

---

1. E. GOSSELIN. *Glanes historiques normandes*, page 110.
2. *Ibid.*, page 148.

Trenchard-Behourt, de la veuve Trenchard, de Mademoiselle Trenchard, et fut achetée, en 1833, par Lecrêne, qui avait épousé, en 1801, une des filles de Labbey, imprimeur à Rouen, et qui lui avait succédé ; en 1845 ce dernier céda son fonds à son neveu Sébastien Mégard.

Au XIX⁰ siècle, les principaux imprimeurs des calendriers à Rouen, sont les Blocquel (Charles Blocquel, Blocquel fils, Blocquel-Gallier, veuve Blocquel fils et Delaunay-Blocquel), Lebourg, Surville, Delamare et Émile Périaux, fils aîné de Pierre Périaux ; ce dernier succéda à la veuve Ferrand, il avait épousé une sœur des frères Bérat, Justine-Marguerite Bérat [1].

Les calendriers rouennais se distinguent des calendriers parisiens, en particulier de ceux publiés dans l'ouvrage de Champier, par leur image plus grossière, véritable image populaire. Leur décoration est souvent empruntée à des légendes ; on retrouve celle de Pyrame et Thisbé et celle de Geneviève de Brabant ; « Les quatre vérités du siècle d'à présent » ; le Juif errant, dont nous donnons deux images différentes en planche hors texte (planches I et II), l'Histoire d'une jolie fille et d'un joli garçon ; Paul et Virginie, etc. Plusieurs de ces sujets ont été copiés sur les images sorties des ateliers de Chartres, d'Orléans, de Caen et d'ailleurs, ou sont l'œuvre du même artiste ; elles sont presque identiques. Nous aurons l'occasion de revenir sur ce sujet quand nous traiterons de l'imagerie populaire proprement dite, en publiant un troisième bois relatif au Juif errant [2].

Comme les images populaires, les calendriers reproduisent les principaux évènements politiques et l'on pourrait illustrer une histoire de France avec leurs bois : naissance, baptême, mariage, mort de souverains ; bataille, traité de paix, tout est l'objet d'une image. Leur principal défaut c'est leur naïveté, en admettant que ce soit un défaut en imagerie populaire : l'auteur ne s'entoure d'aucun renseignement et son œuvre le plus souvent est le produit de son imagination. L'imprimeur aussi, par économie, fait parfois servir le même bois pour représenter des sujets différents : c'est par exemple la même planche qui a été tirée pour l'entrée de Louis XVIII à Paris et pour celle de la duchesse de Berry dans cette même ville !

En 1809 et en 1814, Lecrêne-Labbey illustre un calendrier avec le portrait de l'empereur et de l'impératrice : l'impératrice change, mais la gravure reste la même !

Pour donner sur le calendrier à peu de frais la reproduction du principal évènement de l'année précédente, on coupe un vieux bois et on intercale une nouvelle pièce. Un des exemples les plus remarquables de ces

---

1. Nous avons pris la plupart de ces renseignements, sur les imprimeurs rouennais, dans les notes manuscrites de Ed. Frère, sur l'*Imprimerie en Normandie*, conservées à la Bibliothèque municipale de la ville de Rouen.

2. M. Pelay, auquel appartient le bois de la planche I, ne pense pas que ce bois soit normand.

planches passe-partout est le bois de la montgolfière, dont nous reparlerons plus loin.

Une des périodes la plus intéressante de l'histoire et de l'imagerie populaire est celle de la Révolution ; la série des calendriers rouennais à cette époque commence par la prise de la Bastille. Seyer et Behourt mirent en tête de leur calendrier pour l'année 1790 le bois dont un tirage est joint à ce travail (planche III) ; il reproduit un des épisodes de la célèbre journée du 14 juillet 1789, l'arrestation du gouverneur par le grenadier Arné. L'auteur du texte qui accompagne cette image adresse ses félicitations « aux gardes françoises qui sous la conduite de MM. Warquier et Larche ont donné dans un siège de deux heures et demie autant de preuves de vaillance qu'on en voit dans l'histoire des sièges les plus fameux ». Deux ans après, en 1792, le même bois sert pour un nouveau calendrier avec le même texte.

En 1793 et en 1794 époque à laquelle il pouvait être dangereux de manifester ses opinions, l'imprimeur P. Seyer remplace l'image politique par un simple sujet populaire, l'histoire de Pyrame et Thisbé, peu compromettante. Ces contes rendirent de grands services aux imprimeurs de calendriers, soit qu'ils aient préféré passer sous silence certains évènements, soit qu'un bois leur ait manqué au dernier moment. L'année 1802, l'imprimeur que nous venons de nommer publie le portrait de *Buonaparte pacificateur*, et en 1806 Lecrêne-Labbey donne un bois de Dubuc, le « Sacre et le couronnement de Napoléon Ier, empereur des français, roi d'Italie ». Nous donnons en tirage hors texte deux images représentant deux sujets relatifs à Napoléon, l'un son mariage avec Marie-Louise, célébré le 31 avril 1810 (planche IV) : on y voit le cardinal Fesch, grand aumônier de France, donnant la bénédiction nuptiale à l'empereur et à l'impératrice, mais on n'y trouve pas le curé de Saint-Germain-l'Auxerrois, présent à la cérémonie et que Napoléon se garda bien d'oublier. L'autre, c'est le baptême du roi de Rome (planche V), né un an après ce mariage. Nous ne connaissons pas de tirage ancien de ces deux bois, mais nous pensons que le premier dut illustrer un calendrier pour l'année 1811 et le second un calendrier pour l'année 1812. Des bouleversements se produisent de nouveau en 1815, on les retrouve reproduits en images.

Les calendriers fournissent aussi des renseignements curieux sur les comètes, les éclipses, les tremblements de terre, les feux d'artifice et les ballons. Il n'y avait pas, au XVIIIe siècle, de grande fête publique sans un feu d'artifice. Une catastrophe marqua l'un d'eux et diminua un peu la passion du public pour ces réjouissances : elle eut lieu le 31 mai 1770, à l'occasion du mariage du Dauphin, petit-fils de Louis XV, avec Marie-Antoinette d'Autriche : trois cents personnes furent tuées rue Royale, dans une bousculade au retour de la fête. Le goût du public se porta alors sur les aérostats dont les premières expériences furent faites quelques années plus tard, en 1782. Leur succès fut si grand qu'en 1783 l'on portait des coiffures à la Montgolfier et au Globe de Robert. Une ascension fut faite à Rouen par Blanchard en 1784, et Seyer, voulant illustrer son calendrier avec une image représentant cette fête, se préoccupe peu de faire reproduire ce que tout Rouen avait été voir, il se contente de prendre un vieux bois sur lequel était gravé un feu d'artifice quelconque, dont le milieu avait déjà été coupé en 1764, et de remplacer le sujet central par une montgolfière ; c'est ce calendrier dont nous donnons une réduction (planche VI). Plus tard, en 1802, le même imprimeur fait disparaître le ballon et le portrait de *Buonaparte* apparaît à la place, au milieu de la foule toujours aussi émerveillée [1].

On trouve encore dans les illustrations de ces calendriers, les six Indiens de la tribu des Osages, venus en France en 1827 et dont l'arrivée suscita peut-être moins de curiosité que celle de la fameuse girafe envoyée à Charles X par le Pacha d'Egypte, reproduite avec les Osages sur le calendrier de 1828. Il est curieux de constater combien cette première girafe intéressa le public. Des images populaires, une imprimée notamment à Lille, reproduisent son voyage à Paris ; et à Forges-les-Eaux, dans la Seine-Inférieure, la fabrique de faïence fit des assiettes à la girafe ; nous en possédons deux différentes.

Pour les Rouennais les calendriers fournissent des renseignements curieux, en particulier : une vue du Pont de bateaux avec les observateurs de la comète (1812), le port de Rouen et le pont Napoléon, avec le récit du passage de l'impératrice (1814) ; l'Incendie de la flèche de la cathédrale de Rouen (1823) ; la célèbre foire Saint-Romain (1836) dont le bois a servi à illustrer un *canard populaire* ; le pont suspendu (1837) aujourd'hui remplacé par le pont Boieldieu ; et enfin à une époque plus ancienne une vue générale de Rouen, avec la Seine et le pont de bateaux.

Tous ces calendriers rouennais sont très rares, on n'en trouve plus aujourd'hui que dans quelques collections particulières ; ils sont en petit nombre dans les collections publiques [2]. Nous donnons ici une liste très incomplète, puisqu'il y a des lacunes nombreuses, et que nous avons vu des bois ayant servi à illustrer des calendriers principalement dans la collection de M. Ed. Pelay, dont nous ne connaissons pas de tirages anciens [3]. Il serait à souhaiter que de nouvelles recherches vinssent compléter les omissions de la liste qui suit.

---

1. La composition de ce bois permettait de le faire servir dans toutes les circonstances ; on en grava plusieurs semblables, et l'un, peut-être le modèle, existe encore dans la collection Pelay. C'est une copie de cette planche qui a été transformée tant de fois.

2. A titre de curiosité, signalons que Lecrêne-Labbey vendait, vers 1830, « les calendriers en placards avec figures », 24 francs la rame. (Catalogue de Lecrêne-Labbey).

3. Nous n'avons pas vu notamment de calendriers illustrés avec les bois I, III et IV.

Liste des calendriers rouennais illustrés
conservés dans quelques collections particulières ou publiques [1].

XVIIe siècle.

1618. — Calendrier représentant à la partie supérieure une famille royale bénie par le Christ (probablement Louis XIII et Marie de Médicis), et de chaque côté les quatre saisons de l'année. Imprimé chez Louis du Mesnil, petite rue Saint-Jean, à la Croix d'or. Au-dessous de la gravure principale, on lit le renseignement suivant : Almanach composé par M. Pierre du Montier angevin *très renommé supputateur du mouvement des Sphères Cælestes*. Sur les côtés se trouvent les listes des fêtes religieuses et des foires. (Archives de la Seine-Inférieure).

1619. — Calendrier composé de quatre bois signés D. L., un grand supérieur, un petit inférieur et deux sur les côtés, formant une sorte de cadre et représentant, dans leur ensemble, la généalogie de la Vierge. Le texte donne les fêtes et les foires du pays. Imprimé à Rouen, chez Nicolas Hamillon, demeurant devant le grand portail Saint-Jean. (Archives de la Seine-Inférieure).

1633. — *Almanach*, composé par Pierre de Larrivey; à la partie supérieure on voit figurer les armes de France entre deux vases de fleurs. Le bois du côté gauche représente l'Annonciation. Le texte donne à droite les fêtes mobiles, à gauche les principales foires de France.

L'exemplaire que nous avons vu (Collection Ch. de Beaurepaire) est malheureusement incomplet ; il doit sortir des presses de Louis Dumesnil.

1634. — Même calendrier. (Collection Ch. de Beaurepaire).

1635. — « Almanach pour l'an mil six cens trente cinq, composé par M. Pierre de Larrivey, le jeune, Troyen ». Le bois supérieur représente deux ânes montés par des cavaliers, ils boivent dans un ruisseau. A gauche et à droite se trouvent des vignettes décoratives. Le texte comprend les fêtes mobiles (à gauche), les foires (à droite). (Collection Ch. de Beaurepaire).

1637. — *Almanach, composé par Honoré Lallouette de la ville d'Eu.* C'est le même que le précédent. (Collection Ch. de Beaurepaire).

1666. — M. Ch. de Beaurepaire a vu, aux Archives de la Seine-Inférieure, l'Almanach de Michel Nostradamus, pour l'an de grâce 1666, imprimé à Rouen, chez Guil. Machüel, au bas de la rue Ecuyère. On trouve sur ce

---

calendrier les fêtes mobiles et les foires. Le même calendrier a été refait pour l'année 1667 [1].

XVIIIe siècle.

1750. — Calendrier Royal. Vue de Rouen : sur le milieu du pont de bateaux, se trouve un arc de triomphe surmonté d'une renommée, un fauteuil vide est au-dessous. De chaque côté de la vignette, on voit, à gauche, les armes de la Normandie ; à droite, celles de Rouen. *Avec la relation des cérémonies observées à l'entrée du roy à Rouen et au Havre* et une notice sur Rouen. Imprimé *chez François Oursel, imprimeur libraire de Mgr l'Archevêque, grande rue Saint-Jean, à l'enseigne de l'Imprimerie, à Rouen.* (Archives de Lierremont) [2].

1751. — Sujet allégorique : à gauche, deux naïades au-dessus d'une fontaine ; au centre, un génie, envoyé par Junon, apporte un enfant à la France. Le texte comprend les réjouissances faites à Paris à l'occasion de cette naissance, et une chanson. Chez François Oursel. (Archives de Lierremont).

M. H. Le Court a bien voulu nous donner la description de ces deux calendriers et de celui de 1756, faisant partie de ses archives ; nous lui adressons nos sincères remerciements.

1752. — Portrait de Mme la Dauphine et les Saisons, avec comme texte *deux Chansons nouvelles sur la naissance de Monseigneur le Duc de Bourgogne. A Rouen, chez François Behourt, en la boutique de la veuve Oursel, rue Ecuyère, à l'imprimerie du Levant.* (Collection Pelay).

1752. — Danseur et danseuse, avec des détails sur la naissance du duc de Bourgogne. *Chez François Oursel, imprimeur-libraire de Son Eminence, grande rue Saint-Jean, à l'enseigne de l'imprimerie.* (Collection Pelay).

1753. — L'Hyver, le printemps, l'esté et l'automne, *avec les principales villes du royaume de France et leur distance de Paris. Chez Jean-François Behourt, rue Ecuyère, à l'imprimerie du Levant.* (Collection Loth).

1754. — L'image manque sur le seul exemplaire que nous connaissons de ce calendrier ; elle devait représenter un feu d'artifice : le texte est relatif à la *description du feu d'artifice de Beaucaire* et contient une *chanson nouvelle sur la naissance de Monseigneur le Duc d'Aquitaine.* François Oursel. (Collection Loth).

---

1. Ces deux calendriers sont cités avec les précédents dans le discours prononcé par M. Ch. de Beaurepaire à l'Assemblée générale des Bibliophiles normands, le 14 décembre 1893. M. de Beaurepaire a bien voulu nous confier les calendriers qu'il possède ; nous lui adressons nos sincères remerciements.

2. Pour simplifier cette liste, nous ne répéterons pas le mot Calendrier royal, à moins de modifications, et nous ne redonnerons l'adresse d'un même imprimeur que si elle présente une particularité.

Il existe, dans la collection Pelay, le bois d'un feu d'artifice (signé Papillon), qui illustrait peut-être ce calendrier.

1755. — Vue de Rouen, avec le récit des *Réjouissances faites à Paris au sujet de la naissance de Monseigneur le duc de Berry*, et deux chansons sur cet évènement, dont une de Mercier. François Oursel. (Collection Loth).

Le même bois a servi pour un calendrier en 1761 et pour un autre en 1823, chez Trenchart-Behourt.

1756. — Sujet allégorique : écussons et fleurs de lis dans les nuages *avec la réjouissance au sujet de la naissance de Monseigneur le comte de Provence*. Chez François Oursel. (Archives de Lierremont).

1756. — La ville de Lisbonne et les quatre saisons de l'année, *avec la relation du tremblement du terre arrivé en Portugal et en Espagne le premier novembre 1755*. Jean-François Behourt. (Collection Loth).

1758. — Allégorie sur la naissance, avec l'*Abrégé historique du Comté d'Artois*. François Oursel. (Collection Loth).

En réalité, ce calendrier représente plutôt une allégorie sur le mariage, la planche a été remaniée.

1759. — Vue de Rome, signée Papillon, *avec l'élection et couronnement du pape Clément XIII*. François Oursel. (Collection Loth).

Le même bois a servi, en 1776, et plus tard, sous l'Empire. (Bois original dans la collection Pelay).

1761. — Vue de Rouen, avec la *description des cérémonies observées pour la délivrance du prisonnier, le jour de l'Ascension*. Le nom de l'imprimeur est déchiré (Collection Loth).

Imprimé probablement chez François Oursel; c'est le même bois qui a déjà servi en 1755 dans cette imprimerie.

1762. — *Empreinte des espèces d'or et d'argent, tant celles qui ont cours dans le public, que celles reçues dans les Bureaux Royaux seulement*. Sans texte. *Chez la veuve Behourt, rue Écuyère à l'imprimerie du Levant*. (Collection Loth).

Un calendrier à peu près semblable a été fait en 1775.

1763. — Fête bachique à l'intérieur d'une auberge (Papillon, 1761), avec des chansons bachiques. Veuve Behourt. (Collection Loth).

Même bois en 1765.

1764. — Bois ayant servi précédemment pour imprimer un feu d'artifice, dans lequel on a intercalé un sujet allégorique, avec le récit de l'*Inauguration de la statue équestre de sa Majesté* et des *Réjouissances faites à Paris au sujet de la Paix*. François Oursel. (Collection Loth).

Exemple de bois remanié plusieurs fois (1785 et 1802). Un bois ancien semblable dans l'ensemble existe dans la collection Pelay.

1765. — Sujets astronomiques, avec la *Description de l'air, de la lune, des vents*... et des notes sur les éclipses du soleil et de la lune. *Chez P. Seyer, imp. de Monseigneur l'archevêque, rue Écuyère.* (Collection Loth).

1765. — Fête bachique à l'intérieur d'un cabaret. (Papillon, 1761), avec plusieurs chansons, notamment: *Le triomphe de Bacchus.* P. Seyer. (Bibliothèque de la ville de Rouen).

C'est le bois du calendrier de 1763.

1766. — Bois représentant la *Yenne* avec une note sur la *Destruction de la beste nommée yenne.* P. Seyer. (Collection Loth).

1767. — Vie de l'enfant prodigue en six tableaux et son histoire. Le nom de l'imprimeur est déchiré sur l'exemplaire que nous connaissons. (Collection Loth).

1768. — Buveurs debout derrière une table, et les quatre saisons de l'année, avec une *chanson de l'un et l'autre sexe* et le *Vaudeville du sorcier.* P. Seyer. (Collection Loth).

Ce bois a servi en 1773, en 1778 et en 1789.

1769. — Bustes de rois de France, sans texte. P. Seyer. (Collection Loth).

1770. — Bustes de rois de France, sans texte. P. Seyer. (Collection Loth).

1770. — Vue de Dieppe, et les quatre éléments avec les détails du *tremblement de terre que l'on a ressenti à Rouen, le 1er jour de décembre 1769*...... P. Seyer. (Collection Ch. de Beaurepaire).

1771. — Bustes de rois de France, avec notes sur *Louis XIV, surnommé le Grand,* et *Louis XV, surnommé le Bien aimé, modèle des souverains.* P. Seyer. (Collection Loth).

Ces trois calendriers (1769, 1770 et 1771) sont différents.

1773. — Buveurs debout derrière une table, et les quatre saisons de l'année, avec comme texte des *chansons amusantes. Chez Pierre Seyer, imprimeur de Monseigneur l'Archevêque, rue du Petit-Puits.* (Collection Loth).

Cet exemplaire déchiré a été recollé : c'est le bois de 1768.

1774. — Amours, armes et fleurs de lis dans les nuages (bois signé Papillon) ; avec le récit des *Cérémonies observées à l'arrivée de Monseigneur le Dauphin et Madame la Dauphine à Paris.* P. Seyer. (Collection Loth).

Bois remanié, ayant probablement servi pour le mariage du Dauphin.

1775. — Calendrier sans texte, avec les *empreintes des espèces d'or et d'argent, tant celles qui ont cours dans le public, que celles qui sont reçues dans les Bureaux Royaux seulement.* Le nom de l'imprimeur est déchiré sur l'exemplaire que nous avons vu. (Collection Loth).

Il y eut un calendrier semblable chez la veuve Behourt en 1762.

1776. — Vue de Rome signée Papillon, avec *l'élection du pape Pie VI*. P. Seyer. (Collection Loth).

Même sujet en 1759. Le bois ancien de ce calendrier est dans la collection Pelay.

1777. — Sujet allégorique (exemplaire incomplet) signé « Cotte fecit », avec une pièce de vers intitulée : *La guerre aux oiseaux*. P. Seyer. (Collection Loth).

1778. — Buveurs debout derrière une table et les quatre saisons, avec des chansons sur *les plaisirs de la table*. P. Seyer. (Collection Ch. de Beaurepaire).

C'est le bois du calendrier de 1768.

1779. — Combat naval, avec *le détail de ce qui s'est passé à l'isle de la Dominique sous M. de Rouillé*. (Collection Ch. de Beaurepaire).

Cité par M. G. Dubosc dans un article du *Journal de Rouen* (18 janvier 1903), ayant pour titre : « Calendriers, almanachs et annuaires rouennais ».

1781. — Bustes de rois de France, sans texte. P. Seyer. (Collection Pelay).

1782. — Calendrier *avec les empreintes des espèces d'or et d'argent, tant celles qui ont cours dans le public que celles qui sont reçues dans les bureaux royaux seulement*. P. Seyer. (Bibliothèque de la ville de Rouen).

1783. — Tremblement de terre et naufrage, signé Papillon, avec la *Relation d'un ouragan arrivé le 16 septembre*. P. Seyer. (Collection Ch. de Beaurepaire).

1784. — Bombardement d'Alger, avec une note sur ce sujet. P. Seyer. (Collection Ch. de Beaurepaire).

Ce bois remanié se trouve dans la collection Pelay.

1785. — *L'Enlèvement du Ballon de Blanchard au Champ de Mars de Rouen* et le procès-verbal de *ses voyages aériens*, les 23 mai et 18 juillet 1784. P. Seyer. (Collection Loth. Planche VI).

Le bois ne représente nullement le Champ de Mars de Rouen, c'est le bois du calendrier de 1764, dans lequel on a intercalé un ballon.

1786. — Image représentant la vente des esclaves, avec une *Notice sur la ville d'Alger*. P. Seyer. (Collection Loth).

Bois ancien remanié.

1787. — Les éléments, avec notes sur la terre, l'eau, l'air et le feu. P. Seyer. (Collection Loth).

1788. — Bustes de rois de France, sans texte. P. Seyer. (Collection Pelay).

1788. — Le Bienheureux Benoît-Joseph Labre, le portail et l'obélisque de Saint-Pierre de Rome, avec l'éloge du bienheureux et ses conseils pour *devenir vertueux*. Nom de l'imprimeur déchiré. (Collection Loth).

Deux bois de ce calendrier se trouvent dans *Les merveilles et antiquités de la ville de Rome...*, ouvrage imprimé chez Jean Oursel en 1730, ce qui permet de croire que ce calendrier sort de cette maison.

1789. — Buveurs debout derrière une table et les quatre saisons de l'année, *avec des chansons bachiques*. P. Seyer. (Collection Loth).

Bois de 1768.

1790. — Bustes de rois de France, sans texte. P. Seyer et Behourt. (Collection Pelay).

1790. — Prise de la Bastille, avec le *Précis exact de la prise de la Bastille*. P. Seyer et Behourt. (Collection Loth).

Le même bois a servi pour un calendrier en 1792, il existe dans la collection Pelay ; nous en donnons un tirage en planche hors texte. (Planche III).

1791. — Catafalque, avec le récit de la *Cérémonie funèbre faite au Champ de la Fédération pour les Frères d'Armes morts à Nancy*. Seyer et Behourt. (Collection Loth).

Même bois en 1815.

1792. — Prise de la Bastille (planche III), avec le *Précis exact de la prise de la Bastille*. P. Seyer et Behourt, *impr. de la Municipalité*. (Collection Loth).

C'est le dernier calendrier *royal*.

1793. — Ce calendrier porte seulement cette inscription : *Calendrier* ; il représente Pyrame et Thisbé, et donne l'histoire de leurs malheurs. P. Seyer. (Collection Loth).

1794. — Même calendrier. P. Seyer. (Collection Loth).

1794. — Les quatre éléments, avec notes sur la terre, l'eau, l'air et le feu. Seyer et Behourt. (Bibliothèque de la ville de Rouen).

1797. — Adoration des bergers ; bois signé L ; et un cantique sur ce sujet. Le nom de l'imprimeur est déchiré sur l'exemplaire que nous connaissons. (Collection Loth).

Nous pensons que ce bois est de Lesueur ; l'imprimeur a repris un bois ancien, pour ne pas avoir à représenter les évènements de l'époque.

1798. — Sujet allégorique sur la paix, et note sur la paix signée entre la France et la Hongrie, le 6 vendémiaire an VI. Le nom de l'imprimeur est déchiré. (Collection Loth).

Bois qui a servi pour un traité de paix antérieur, on y trouve les emblèmes de la royauté.

1898. — Sujet allégorique, représentant un guerrier antique, armé d'une lance et d'un bouclier, assis devant un faisceau de drapeaux placé contre un rocher. Le texte donne la liste des foires de la région. Behourt. (Collection Pelay).

XIX' siècle.

1802. — *Buonaparte pacificateur. Préliminaires de paix.* Avec, comme texte, *Articles préliminaires de paix entre la République française et Sa Majesté britannique, signés à Londres le 9 vendémiaire an X de la République française (1ᵉʳ octobre 1801)*. P. Seyer et Behourt. (Collection Loth).

C'est le bois de 1785, avec une nouvelle pièce.

1805. — Petit faisceau de licteur et bonnet phrygien, avec les foires de la Seine-Inférieure et de l'Eure. P. Seyer et Behourt. (Collection Loth).

1805. — *Le paradis terrestre.* Bois signé Dubuc. Avec *La création du monde* et les *Noms des principaux souverains de l'Europe. Se trouve à Rouen, chez Lebourg, imprimeur rue des Arpents, n° 52.* (Bibliothèque de la ville de Rouen).

1806. — Histoire de Joseph en six tableaux signés Dubuc, avec un cantique sur ce sujet. P. Seyer et veuve Behourt. (Bibliothèque de la ville de Rouen).

1806. — *Sacre et couronnement de Napoléon Iᵉʳ empereur des Français et roi d'Italie,* deux bois dont un signé Dubuc, avec couplets. *Chez Lecrêne-Labbey, rue de la Grosse-Horloge, n° 12.* (Collection Loth).

1807. — Escouade de grands soldats à cheval, sabre au clair, gravés par Neveu, avec *les premières victoires de la grande armée sur la Prusse.* Bloquel. (Collection P. Le Verdier).

1807. — Histoire d'Henriette et Damon en cinq tableaux, avec une complainte. Lecrêne-Labbey. (Bibliothèque de la ville de Rouen).

1808. — *Le paradis terrestre,* bois signé : *Dubuc grav. à Rouen* (calendrier de 1805), avec un cantique sur *La création du monde* et *Maximes de la Sagesse.* N. A. Lebourg. (Collection Loth).

1808. — *Sainte Geneviève de Brabant,* bois signé par Dubuc, avec cantiques. Lecrêne-Labbey. (Collection Dervois).

1809. — Médaillons de *Napoléon Iᵉʳ empereur* et de *Joséphine impératrice,* avec les foires de la région. Lecrêne-Labbey. (Bibliothèque de la ville de Rouen).

1809. — Petit aigle impérial, avec l'indication des foires de la Seine-Inférieure et de l'Eure. Veuve Béhourt. (Collection Loth).

1810. — Histoire de Pyrame et Thisbé en six tableaux avec le récit de leurs malheurs. Le bois fut gravé par Dubuc en 1808. *Chez Lecrêne-Labbey, imp. lib., Grande-Rue, n° 173.* (Collection Loth).

1811. — Mariage de Napoléon Ier et de Marie-Louise (planche IV). Nous ne connaissons que le bois de ce calendrier (collection Pelay) et nous en donnons un tirage. Le mariage fut célébré en 1810, nous pensons que le calendrier illustré avec ce sujet dut paraître pour l'année 1811.

1812. — Baptême du roi de Rome (planche V). Comme pour le calendrier précédent nous n'en connaissons que le bois. (Collection Pelay).

1812. — *Les observateurs de la comète sur le pont de Rouen* avec des *Observations générales sur les comètes et particulièrement sur celle qui ont été vue* (sic) *pendant les mois de septembre, octobre et novembre 1811* et une chanson sur la comète à Rouen. Lecrêne-Labbey. (Collection Loth).

1813. — *Entrée des Français dans Moscou* avec un *Dialogue entre les empereurs de France et de Russie*, et une notice sur Moscou. Lecrêne-Labbey. (Exposition rouennaise d'imagerie populaire).

Le bois ancien de ce calendrier se trouve dans la collection Pelay.

1814. — *Michel Nostradamus*, sa vie et ses prédictions pour 1814 et 1815. Bloquel. (Collection Loth).

1814. — *Port de Rouen: pont Napoléon*, avec le récit du passage de S. M. l'Impératrice et la visite des travaux du pont. Bloquel-Gallier. (Collection Dervois).

1814. — Calendrier de 1809, avec un seul changement, le nom de Marie-Louise remplace celui de Joséphine, le portrait est le même ! Lecrêne-Labbey. (Bibliothèque de la ville de Rouen).

1815. — *Catafalque dressé en mémoire des plus augustes victimes de la Révolution*, avec le récit du service célébré pour le repos de l'âme des membres de la famille royale. Veuve Trenchard. (Collection Loth).

C'est le bois du calendrier de 1791.

1815. — *Entrée de Sa Majesté Louis XVIII à Paris*. Le texte donne le récit de l'entrée de Louis XVIII, des couplets sur cet évènement et des chansons sur le roi. *Chez Lecrêne-Labbey, Grande-Rue, n° 173. Où l'on trouve un assortiment général d'almanachs, livres d'école, bibliothèque bleue et images*. (Collection Pelay).

Le bois ancien de ce calendrier se trouve dans la collection Pelay.

1816. — *Calendrier royal*, avec des empreintes de pièces d'argent et les foires de la Seine-Inférieure et de l'Eure. Veuve Trenchard-Behourt. (Bibliothèque de la ville de Rouen).

1816. — Portraits en buste des membres de la famille royale : Louis seize, la Reine, le Dauphin, etc., avec *L'écho du peuple sur le retour de la Famille Royale de France* et des chansons sur les membres de la famille royale. (Collection Loth).

Le nom de l'imprimeur est déchiré sur l'exemplaire que nous avons vu; c'est le bois d'un calendrier du XVIIIe siècle.

1817. — *Entrée de la duchesse de Berry à Paris:* le texte est relatif à cet évènement. Lecrêne-Labbey. (Exposition rouennaise d'imagerie populaire).

Cette image est la même que celle de l'entrée de Louis XVIII, elle ne ressemble d'ailleurs en rien à celle éditée chez la veuve Chéreau, rue Saint-Jacques, n° 18, à Paris. *Entrée solennelle de la D^{sse} Caroline de Naples, D^{sse} de Berri par la B^{re} du trône, Fg. Saint-Antoine le 16 juin 1816.*

1818. — Bustes de rois de France, avec des chansons de table. Veuve Trenchard-Behourt. (Collection Loth).

1818. — La place Louis XV à Paris (signé Papillon 1763), avec des chansons nouvelles et l'histoire de M. Réjoui. Trenchard-Behourt. (Exposition rouennaise d'imagerie populaire).

1819. — Portraits de Henri IV, Louis XIV et Louis XV, avec les empreintes de monnaies, et les foires de la Seine-Inférieure et de l'Eure. Veuve Trenchard-Behourt. (Bibliothèque de la ville de Rouen).

1819. — Geneviève de Brabant, en six tableaux (bois de Dubuc), avec son histoire en vers. Lecrêne-Labbey. (Collection Loth).

1820. — *Les quatre vérités du siècle d'à présent,* avec plusieurs chansons. Lecrêne-Labbey. (Collection Dervois).

Cette image est la même que celle imprimée à Caen, chez Picard-Guérin ; il n'y a que quelques différences dans les détails.

1820. — Bois du calendrier de 1814, *Port de Rouen, Pont Napoléon,* avec une chanson : *La Colonne,* et une autre : *Ils étaient là.* Foires de la région. *A Rouen, de l'imprimerie Ch. Bloquel, rue Saint-Lô, n° 34, près le palais de justice.* (Bibliothèque de la ville de Rouen).

1821. — *Joseph vendu par ses frères,* et cantique. Lecrêne-Labbey. (Bibliothèque de la ville de Rouen).

1821. — *Le Juif-Errant,* avec une *Nouvelle complainte.* Lecrêne-Labbey. (Collection Dervois).

On trouve un tirage du bois ancien de ce calendrier dans nos planches hors texte (planche II).

1821. — *Mort du duc de Berry,* et une notice sur cet assassinat. Lecrêne-Labbey. (Exposition rouennaise d'imagerie populaire).

1821. — *Ondoiement de Monseigneur le duc de Bordeaux* avec le récit de sa naissance. *Chez Mégard, imp. lib. rue Martainville* (Collection Loth).

1822. — Sujets astronomiques, avec les *foires de divers départements.* Veuve Trenchard-Behourt (Collection Loth).

1823. — Histoire d'une jolie fille en trois tableaux, et le récit de ses aventures. Mégard. (Exposition rouennaise d'imagerie populaire).

Le même sujet a servi pour un calendrier en 1824.

1823. — Vue générale de Rouen, avec le *Détail de l'incendie arrivé par la foudre qui a détruit la pyramide de l'église métropolitaine de Rouen et qui, par sa chûte, a écrasé plusieurs maisons, le 15 septembre 1822, avec les dates des années des siècles antérieurs où cet édifice a été détruit plusieurs fois.* Sur le même calendrier se trouvent deux chansons nouvelles. Veuve Trenchard-Behourt. (Collection Loth).

C'est le bois du calendrier de 1755, chez François Oursel.

1823. — Incendie de la flèche de la cathédrale de Rouen, le 15 septembre 1822. Mégard. (Collection Dervois).

Il existe un autre exemplaire de ce calendrier (Bibliothèque de la ville de Rouen), dans lequel la notice sur la cathédrale est remplacée par une *complainte* sur cet incendie.

1824. — Geneviève de Brabant (bois de Dubuc), avec son histoire en vers. Lecrêne-Labbey. (Exposition rouennaise d'imagerie populaire).

1824. — *Combat de Logrono (Espagne)*. Avec une *Chronique sur la guerre d'Espagne* et une chanson sur *L'heureux retour*. Lecrêne-Labbey. (Collection Loth).

1824. — *Histoire d'un joli garçon*, composée d'une suite de trois bois, avec le récit de ce qui lui arriva. *Chez Mégard, imp. libr., rue Martainville, Nᵒ 200*. (Collection Pelay).

1824. — *Le Juif-Errant*, avec une complainte nouvelle. (Planche II). Lecrêne-Labbey. (Bibliothèque de la ville de Rouen).

1824. — *Histoire d'une jolie fille*, avec chanson. Mégard. (Collection Dervois).

Bois du calendrier de 1823.

1825. — *Entrée de Sa Majesté Charles X à Paris, le 27 septembre 1824*, avec chansons relatives à Charles X, dues probablement à Lelièvre ou à Duchesne, de Rouen. *Emile Périaux fils aîné, 26, rue Percière*. (Bibliothèque de la ville de Rouen).

1825. — Tombeau de Louis XVIII et portrait de Charles X à cheval, avec chanson: *La valeur récompensée* et le récit de la *Mort de S. M. Louis XVIII* et de l'*Avènement de Charles X*. Mégard. (Collection Loth).

1825. — Cinq tableaux astronomiques et les foires de *divers* départements. Trenchard-Behourt. (Bibliothèque de la ville de Rouen).

1826. — *Sacre et couronnement de S. M. Charles X* (deux bois) et une note sur ce sacre. Lecrêne-Labbey. (Bibliothèque de la ville de Rouen).

1826. — Un homme à genoux, les yeux bandés, devant un peloton d'exécution, un chien vient le caresser. Ce calendrier incomplet contient diverses chansons et les foires de la région. Emile Périaux. (Bibliothèque de la ville de Rouen).

1826. — *Histoire d'un joli garçon*, en trois tableaux, avec une chanson sur sa vie ; une chanson à boire, et un *Hommage à Bacchus*. Mégard. (Collection Loth).

Même calendrier qu'en 1824.

1826. — *Sacre de Charles X*, avec des vers sur cette cérémonie par Cadot et les détails du sacre. Emile Périaux. (Collection Pelay).

1826. — Pyrame et Thisbé, avec le récit de leurs malheurs. Lecrêne-Labbey. (Exposition rouennaise d'imagerie populaire).

1827. — Image représentant plusieurs épisodes de l'histoire de Paul et Virginie, avec complainte sur ce sujet. Mégard. (Bibliothèque de la ville de Rouen).

1827. — *La pucelle d'Orléans sur le bûcher à Rouen*, avec une chanson sur Jeanne d'Arc et diverses autres chansons. Emile Périaux. (Coll. Pelay).

1827. — *L'infortuné Voisin traîné à la mort*, avec une « Complainte sur Heurtaux et Daguet, condamnés à mort ». Ils avaient assassiné Voisin, notaire à Bourg-Achard, dans l'Eure. Le même calendrier contient diverses poésies relatives à ce crime. Emile Périaux. (Collection Pelay).

1828. — *Portrait des six Osages arrivés en France le 27 juillet 1827*, avec une *Notice sur les Osages*, et sur le côté droit une girafe, avec une note sur la *Giraffe* (sic) envoyée à S. M. Charles X par le Pacha d'Egypte. (Collection Loth).

Le nom de l'imprimeur manque dans l'exemplaire que nous avons vu, mais nous croyons que c'est un calendrier de chez Mégard.

1828. — Place Louis XV, à Paris (signé Papillon, 1763). Le texte contient diverses pièces de vers. *A Rouen, on trouve chez veuve Trenchard-Behourt, imprimeur, rue du Petit-puit N° 21, un assortiment complet de livres pour l'éducation de la jeunesse, l'office latin et français, 4 vol. in-12.* Avec cette mention : *Sous la responsabilité de F. Baudry, imprimeur du Roi à Rouen.* (Collection Pelay).

Même image que sur le calendrier de 1818 ; le bois ancien se trouve dans la collection Pelay.

1828. — Ce calendrier contient deux images : *L'araignée des hautes Alpes* et *Le crapaud et le lézard de Saint-Omer*. Le texte est relatif à ces deux monstres et contient une *Chanson nouvelle : la Nacelle*. C. Bloquel. Avec cette mention : *Copie banale.* (Collection Pelay).

1829. — *Apparition d'une croix lumineuse à Migné, le 17 décembre 1826*, avec le *Rapport imprimé par ordre de Mgr l'évêque de Poitiers, sur l'apparition d'une croix dans la paroisse de Migné le 17 décembre 1826*, et un cantique *Sur le triomphe de la croix*. (Collection Loth).

Le nom de l'imprimeur manque sur l'exemplaire que nous avons vu, il doit être de chez Lecrêne-Labbey.

1830. — *Le Juif-Errant*, avec une « Complainte nouvelle sur le Juif-Errant ». Lecrêne-Labbey. (Collection Loth).

Calendrier identique à ceux de 1821 et 1824.

1831. — *Aux braves morts pour la défense de la liberté le 29 juillet 1830*, avec le texte ayant pour titre : *Monument mémorable de juillet 1830*, et la proclamation du Roi. Le même calendrier contient diverses chansons et *La Parisienne*. Mégard. Avec cette mention dans l'angle inférieur gauche : « Propriété du colporteur ». (Collection Pelay).

1831. — Calendrier intitulé : *Glorieuse révolution de Paris, des 27, 28, 29 juillet 1830* et représentant le combat de l'Hôtel-de-Ville, la prise des Tuileries, le coq gaulois et Louis-Philippe Ier. Le texte contient le récit des évènements représentés et *La Marche Parisienne, cantate, par M. Casimir Delavigne* ainsi que la Marseillaise. (Collection Loth).

Le nom de l'imprimeur a été déchiré sur cet exemplaire, mais en 1834 les mêmes bois ont servi chez Lecrêne-Labbey pour un calendrier, ce qui nous permet de croire que celui de 1831 est de la même imprimerie.

1832. — *Bataille des Polonais et des Russes devant Varsovie*, avec une chanson sur les Polonais par Duchesne et *La garde nationale en blouse* du même auteur. Dans la colonne de droite se trouve la liste des foires de la Seine-Inférieure et de l'Eure. *Chez Emile Périaux, pour le compte de Maillard, colporteur à Rouen, Grande-Rue, n° 70*. (Collection Loth).

1832. — *Bataille des Polonais et des Russes devant les murs de Varsovie*, et comme texte des chansons de Duchesne. *Imprimé chez G. B. Delamare, rue Saint-Romain, n° 67*. (Collection Pelay).

Le bois est semblable à celui du calendrier précédent.

1832. — *M. Mayeux, exerçant sa famille au maniement des armes*, avec l'histoire de M. Mayeux et des chansons signées Duchesne. G. B. Delamare. (Collection Pelay).

1833. — *Derniers moments du fils de Napoléon*, avec la relation de sa mort, une chanson sur le duc de Reichstadt et les foires de la Seine-Inférieure. G. B. Delamare. (Collection Pelay).

1833. — *Armée de Bellone, levée de quatre cent mille filles*, avec le texte intitulé *Armée de Bellone*. G. B. Delamare. Au bas se trouve cette note : *Chez Maillard, au Colporteur, Grande-Rue, n° 70, où l'on trouve un assortiment d'almanachs, de calendriers, quincaillerie et bretelles*. (Collection Pelay).

1833. — Portrait en buste du duc de Reichstadt, signé Dujardin, avec un précis historique sur le duc de Reichstadt, des indications sur Rouen, et diverses chansons. (Collection Loth).

Le nom de l'imprimeur manque sur l'exemplaire que nous avons vu.

1834. — *Inauguration de la statue de Napoléon, le 28 juillet 1833,* avec le récit des fêtes. Lecrêne-Labbey. (Collection Loth).

1834. — « Statue et apothéose de l'empereur Napoléon », avec l'histoire du *Rétablissement de la statue de l'empereur* et l'*Apothéose de Napoléon,* par Duchesne. Émile Périaux. (Collection Pelay).

1835. — Deux images sur ce calendrier : *Le bienheureux saint Lache, patron des paresseux* et *Bonne sainte Fainéante, protectrice des paresseuses,* avec des chansons sur la paresse. Émile Périaux. (Collection Pelay).

1836. — « La foire Saint-Romain », avec une note sur cette foire et des vers de Duchesne. Émile Périaux. *Se vend chez Maillard, Grande-Rue n° 60.* (Collection Pelay).

1837. — « Pont suspendu de Rouen », avec des chansons, de Lelièvre de Rouen, sur ce pont. Émile Périaux. (Collection Pelay).

A la partie supérieure de l'exemplaire de la collection Pelay, se trouve une indication manuscrite, indiquant que ce calendrier a été tiré à mille exemplaires.

1841. — *Tombeau de Napoléon le Grand, aux Invalides, couvert des drapeaux étrangers pris dans les batailles,* avec le récit de la translation des cendres de Napoléon et des couplets sur ce sujet, par Duchesne. Émile Périaux. (Collection Pelay).

1841. — *Le tombeau à l'Hôtel des Invalides qui doit recevoir les cendres du Grand Homme.* Ce calendrier porte pour titre : *Calendrier de Napoléon le Grand,* il contient diverses pièces : *Les regrets du vieux soldat* et *Les souvenirs des braves,* de Garçon, et une *Prose* (sic) : *Description du tombeau* suivie de cette note : *Adresse, chez J. Cupidon et Cⁱᵉ, graveurs-éditeurs, 34, rue de la Chèvre, à Rouen* (?) Émile Périaux. (Collection Pelay).

1844. — *Inondations épouvantables,* avec le récit de ces inondations qui s'étaient produites dans l'Aude et l'Hérault, et une complainte par Duchesne. Émile Périaux. (Archives de la Seine-Inférieure).

Ce calendrier fut tiré sur une grande feuille de papier en même temps qu'un *canard* et Périaux indique sur l'exemplaire du dépôt légal que ce tirage fut fait à deux mille exemplaires, *pour le compte du sieur Duchesne, colporteur.*

1851. — Image représentant M. Poitevin à cheval, attaché sous un ballon s'élevant dans les airs. Le texte contient l'histoire de la découverte des ballons, et *Le voyage en Californie,* pièce signée: *A Jules, cédée à Boulard* [1]. *Imp. de V. A. Surville, rue des Bons-Enfants, 46-48.* (Collection Pelay).

---

[1]. Boulard était chanteur ambulant à Rouen.

II

Les Images de Confréries.

Avant la Révolution, les confréries existaient en grand nombre. Les membres d'une même profession formaient les confréries de corporations. Les personnes qui avaient une dévotion spéciale à un saint, celles qui étaient venues à un pèlerinage, se faisaient inscrire comme membres de la confrérie fondée en l'honneur du saint ; ces confréries constituaient les confréries religieuses proprement dites. Les plus curieuses étaient les confréries de charité ; créées au XIe siècle, elles existent encore. Elles furent fondées à l'occasion des épidémies de peste ; par crainte de la contagion, on laissait les morts sans sépulture, les frères de charité eurent pour but de les ensevelir. Comme les marqueurs de la peste, ils avaient dans leurs fonctions un signe distinctif, consistant en une sorte de chapeau, d'où le nom de *chaperon* conservé aux ornements qu'ils portent encore en sautoir. Ce vêtement, primitivement, devait avoir une certaine analogie avec le *coqueluchon*, destiné à se préserver de l'air auquel on attribuait la peste. Cet habillement fut adopté à l'occasion de l'épidémie de 1510, pendant laquelle le principal symptôme de l'affection nommée alors peste, fut une toux bruyante : le mot coqueluche donné à la maladie caractérisée par des quintes de toux, tire de là son origine. Les lépreux avertissaient le public de leur présence par le bruit des sonnettes, de même les frères de charité avaient leurs *cliqueteurs* pour annoncer leur passage. Les membres de ces sociétés comparables à des sociétés de secours mutuels avant la lettre, étaient soumis à un règlement sévère, parfois amusant dans ses détails ; ainsi celui de la charité de Landepereuse (Eure) défendait d'embrasser une personne à l'église, ou pendant une cérémonie ; en cas d'oubli il y avait une amende légère, elle était doublée si la personne embrassée n'était pas une proche parente ! Ce règlement est encore en usage [1].

Les confréries de charité sont encore assez nombreuses dans le département de l'Eure ; elles s'occupent d'ensevelir les morts dans les communes où il n'existe pas de pompes funèbres ; les frères visitent aussi les malades et veillent les morts. Autrefois quelques confréries de charité représentaient des mystères ; une des plus célèbres fut la Charité de Saint-Patrice, fondée à Rouen en 1374, qui porte le nom de Confrérie de la Passion. Actuellement les confréries ne sont uniquement que des associations de *charité*.

---

1. *Le Monde moderne*, septembre 1897 : *Les Charités*, page 353.

Veut-on se rendre compte de l'aspect de ces Charités ? Il faut aller le lundi de la Pentecôte, à l'église de la Couture, à Bernay ; un pèlerinage des confréries de charité a lieu à cette date, c'est un spectacle inoubliable.

Les personnes qui se faisaient inscrire sur le registre d'une confrérie recevaient une sorte de diplôme, l'image de la confrérie. Dans les circonstances solennelles, le maître en charge de la société déposait de maison en maison ce que l'on appelait les *frairies*, consistant principalement en images sur lesquelles se trouvaient imprimées, avec le ou les saints de la confrérie, les convocations à la fête. Ces images étaient généralement composées d'un sujet central, toujours le même pour chaque confrérie, représentant les saints en l'honneur desquels la confrérie avait été créée ; autour se trouvaient de petits sujets religieux, sans grand intérêt, formant un encadrement au bois ou au cuivre ; ces sujets pouvaient varier d'une année à l'autre ; au bas il y avait les inscriptions, l'acrostiche composé en l'honneur du saint ou du maître en charge nouvellement nommé. Plusieurs images étaient imprimées sans encadrement. Nous connaissons une confrérie des environs de Rouen, qui, tous les ans, fait encore tirer un certain nombre d'images par un imprimeur de Rouen, mais ce dernier est obligé de faire l'acrostiche sur le maître en charge ! Plusieurs confréries de charité ne font pas ces frais chaque année ; nous possédons l'image de la confrérie de Saint-Martin, du Manoir-sur-Seine, sur laquelle des vides ont été réservés pour inscrire à la main la date et le nom du maître en charge. D'autres images étaient plutôt des brevets, elles étaient remises une seule fois au frère à son entrée dans la confrérie. L'image de la confrérie de Notre-Dame du Mont-Carmel, imprimée à Caen, chez Alphonse Picard, rentre dans cette catégorie. Nous avons vu dans un ancien registre de la commune de Roncherolles-sur-le-Vivier ce que coûtait l'impression des images de confréries ; en 1755, on paya à Machüel, imprimeur à Rouen, dix livres pour avoir imprimé cinq cents *frairies*, et l'année suivante six livres « tant pour trois cents de frairies que pour l'acrostiche » [1].

Nous donnons en planches hors texte (planches VII, VIII, IX et X) quatre images de confréries ; ce tirage est fait sur les bois originaux appartenant à M. Pelay. Si l'on avait voulu reconstituer l'image telle qu'elle était autrefois, on aurait ajouté les inscriptions au bas, et, à certaines, formé un encadrement de vignettes.

Le premier de ces bois (planche VII) est celui de la confrérie de Saint-Clair, fondée à l'église Saint-Maclou de Rouen. Il se compose de deux compartiments ; dans celui du bas, sous trois arcades, se trouvent saint Adrien, caractérisé par l'épée et le billot, instruments de son supplice, un lion est à ses pieds ; saint Vulfran, avec la croix, et saint Sébastien percé de

---

1. Archives de la Seine-Inférieure. Série G, 8512

flèches. Dans celui du haut, au milieu, saint Clair portant sa tête entre ses mains. L'auteur de ce bois (gravé en 1615) n'avait pas une idée très juste des proportions, la tête de saint Clair est bien petite pour le corps ! A droite et à gauche se trouvent deux scènes représentant l'une son supplice : un cavalier, qui vient de quitter sa monture, s'élance vers le saint, le sabre haut, en vociférant ; son animation contraste étrangement avec le calme de saint Clair. L'autre scène rappelle le culte qui lui était rendu : au fond, on voit une église, probablement celle de Saint-Clair-sur-Epte, et au premier plan un tombeau sur lequel le saint guérisseur est étendu ; un malade atteint d'exophtalmie, appuyant la main sur sa tempe douloureuse, vient lui demander sa guérison. Parmi les quarante-sept saints que l'on pouvait invoquer contre les maux d'yeux [1], saint Clair et sainte Claire étaient certainement ceux auxquels on avait le plus souvent recours, probablement à cause de leur nom, car ce que l'on demande le plus souvent dans ces maladies c'est de voir clair. C'est aussi à cause de son nom que saint Clair a été choisi comme patron des professions dans lesquelles on a le plus besoin de voir clair, tels les tailleurs et les couturières. Le même jeu de mots a fait devenir saint Clair le patron des verriers, vitriers et opticiens.

Saint Clair était né en Angleterre en 840 ; il fut ordonné prêtre par Siginand, évêque de Coutances. Il vécut plusieurs années dans la Seine-Inférieure, près de Fécamp, d'abord, et ensuite non loin de Forges, vers les sources de l'Epte. Des gens, envoyés par une femme qui avait tenté vainement de le séduire, lui demandèrent sa tête ; saint Clair la leur présenta, mais les assassins après l'avoir décollé, furent saisis de frayeur et s'enfuirent. Le martyr prit sa tête et la porta, dit la légende, jusqu'au lieu où il est inhumé, appelé encore aujourd'hui Saint-Clair-sur-Epte [2].

Il existe aux Archives de la Seine-Inférieure une épreuve ancienne de l'image de la confrérie de Saint-Clair, elle porte la date de 1786, et fut imprimée par Pierre Ferrand. Après l'antienne et l'oraison se trouve la note suivante, elle montre que les images servaient parfois de convocation aux réunions de la confrérie : *Vous êtes avertis que Lundi prochain, 17 juillet 1786, on célébrera la fête de Saint Clair, en l'église paroissiale de Saint-Maclou. La Grand'Messe se dira à onze heures et le Salut à huit heures. Le Dimanche suivant, 23 de ce présent mois, la Messe du siège se dira à sept heures et demie précises, et le Salut du Saint-Sacrement à l'issue des Vêpres. Tous les premiers dimanches de chaque mois et les cinq fêtes de la Sainte-Vierge, les fêtes de Notre-Seigneur, et la Messe du jour de Noël, qui se dit à minuit, ainsi que le jour de Saint Roch, 16 août, le jour de Saint Fabien, et de Saint Sébastien qui est le 20 janvier ; le jour de Saint*

---

1. Franklin, *La vie privée d'autrefois. Les médecins*, page 243.
2. Ouin-Lacroix, *Histoire de Saint-Maclou de Rouen*, Rouen, Mégard, 1846, page 8.

Adrien le 4 mars, et le jour de Saint Sulphran (sic) *20 mars, qui sont quelquefois remises ou avancées, à cause du jour des Cendres. Il se dit dans la Chapelle du dit Saint, une basses messes* (sic) *à sept heures et demie précises, depuis Pâques jusqu'à la Saint-Michel, à neuf heures depuis la Saint-Michel jusqu'à Pâques. Le Buffet se tiendra le jour de la Fête, depuis sept heures jusqu'à midi, ainsi qu'à l'heure du salut ; de même que le Dimanche suivant il se tient pareillement pour ceux ou celles qui voudroient apporter leurs deniers annuels ou se faire enregistrer.*

Rappelons qu'il existait à Rouen une autre confrérie de Saint-Clair, très ancienne, celle fondée à l'église de Saint-Pierre-l'Honoré ; cette charité fêtait aussi la Saint-Clair le 17 juillet, et terminait cette cérémonie par un pèlerinage à Saint-Clair-sur-Epte en Vexin ; on profitait de ce voyage pour aller invoquer sainte Clotilde aux Andelys. Ce renseignement nous a été fourni par un placard de *pardon* conservé aux Archives de la Seine-Inférieure ; il date de l'année 1767 et a été imprimé à Rouen, chez Machüel ; à la partie supérieure une gravure représente le martyre de saint Clair. Ces images, appelées *brevets de pardons*, sont très rares. Nous avons vu, aux Archives de la Seine-Inférieure, le pardon de l'*Hôpital de la Charité de Paris* (1651), celui des *Quinze-Vingts de Paris* (1651) [1], et le *grand pardon* de *La Rédemption des captifs* (1651), imprimé à Evreux, chez la veuve Hamillon. Bien peu de ces placards ont été conservés, ils étaient imprimés en grand nombre ! En 1509, Louis Bouvet, libraire à Rouen, *imprima 2.000 brevetz des pardons de l'Advent et 2.000 des pardons de Quaresme ;* en 1512, Raoulin Gaultier, également libraire, imprimait *2.500 brevets des pardons de l'église* [2]. Ces annonces de pardons étaient affichées dans les endroits publics ; en 1501, la fabrique de la cathédrale de Rouen paya 4 sous pour la colle destinée à attacher les brevets [3].

Nous nous apercevons seulement que le culte de saint Clair nous a entraîné loin de l'imagerie populaire. Serait-ce lui qui nous ferait retrouver le fil de notre description ? Et à la liste des personnes devant invoquer ce saint, faut-il ajouter les amateurs de vieux papiers qui n'y voient plus clair dans l'ordre de leurs idées ? Que nos lecteurs nous pardonnent cette plaisanterie, simple transition destinée à nous amener à parler de la seconde image que nous reproduisons, celle de la confrérie de Saint-Vigor, de Pont-de-l'Arche (planche VIII). Cette gravure est d'une composition très harmonieuse, elle représente l'évêque saint Vigor ; à sa gauche se trouve un clerc tenant un animal monstrueux ; l'artiste a voulu rappeler la légende de la destruction

---

1. Voir le *Bulletin de la Société Le Vieux Papier*, année 1906, page 427, l'intéressant article de M. Vivarez, sur un pardon semblable daté de 1632.

2. DE BEAUREPAIRE, Discours prononcé à la Société des Bibliophiles normands, le 4 décembre 1893.

3. DE BEAUREPAIRE, *Mélanges historiques et archéologiques. Notes sur les images de confrérie.* Rouen, L. Gy, 1897, page 352.

d'une horrible bête qui infestait les environs de Bayeux, image de la destruction par le saint des derniers restes de l'idolâtrie dans la basse Normandie. A sa droite se trouve une chapelle, peut-être celle du monastère de Cérare, fondée par lui. Nous avons vu (collection Pelay) une image de cette confrérie, imprimée chez Mégard en 1845 ; le président de cette confrérie religieuse s'appelait *roi*, ce qui le distinguait de celui de la Société Saint-Michel, de la même église, chargée d'enterrer les morts, qui portait le nom d'*échevin*.

La disposition de la troisième image (planche IX) rappelle celle de la confrérie de Saint-Clair ; elle est divisée en deux parties : en bas se trouvent saint Nicolas, saint Roch, saint Sébastien et saint Adrien ; en haut on voit saint Martin, en l'honneur duquel la confrérie a été fondée à Saint-Martin-du-Vivier (Seine-Inférieure). On connaît le trait de charité rapporté par Sulpice-Sévère, auteur de la *Vie de saint Martin* : Un jour de froid très rigoureux, le saint rencontra, à une des portes de la ville d'Amiens, un pauvre, nu, demandant l'aumône ; il ne restait rien à saint Martin que ses armes et ses vêtements, il avait donné tout ce qu'il possédait ; il n'hésita pas à couper son manteau en deux, en donna une moitié au mendiant et s'enveloppa dans l'autre. C'est cette scène de la vie du saint qui est représentée sur l'image, mais ici, par pudeur, sentiment rare à l'époque, l'artiste a habillé le pauvre. Il est d'un usage courant, dans la représentation de *la charité de Saint Martin*, de mettre un mendiant lépreux ; l'histoire ne dit pas que le pauvre ait été atteint de cette terrible maladie. Les lépreux existaient en grand nombre au moyen âge, à l'entrée des villes dont ils avaient été chassés, et ils étaient nus. Le malade, représenté sur l'image de la confrérie de Saint-Martin-du-Vivier, a le pied gauche détruit par la lèpre et il marche le genou appuyé sur un support en bois. La maladie a gagné tout le membre inférieur, une partie est entourée de linges, et plus haut, au-dessus de l'appareil, si on peut donner ce nom à un instrument si primitif, il paraît exister une plaie étroite.

La quatrième image de confrérie dont nous donnons un tirage en planche hors texte (planche X) est celle de la charité de Sainte-Geneviève de Bourgbaudouin, elle présente un caractère tout différent des précédentes, et rappelle un peu dans son ensemble l'aspect des Vierges de Raphaël ; on peut même se demander si le graveur ne s'est pas inspiré des œuvres de ce grand peintre. Sainte Geneviève est représentée gardant les moutons dans la campagne ; elle a laissé tomber sa quenouille pour prier ; dans le lointain, on aperçoit le village de Nanterre où elle naquit en 419 ; là elle passa son enfance, occupée aux travaux des champs. Papillon, qui grava ce bois, a préféré prendre ce sujet poétique ; il aurait pu représenter la sainte rassurant les Parisiens à l'approche d'Attila, ou sauvant Paris de la disette.

Il était curieux de nommer les imprimeurs rouennais compositeurs des calendriers, parce que leurs goûts artistiques ou leurs opinions politiques avaient une certaine influence sur la composition et le sujet du calendrier. Il n'en est pas de même pour les images de confréries; le bois ou le cuivre était commandé à l'artiste par la confrérie, et restait la propriété de la société ; désirait-on des *frairies*, on remettait le bois à l'imprimeur ; il se contentait de faire le tirage.

Les graveurs des images de confréries sont plus intéressants à connaître. Il faut citer en première ligne la famille Le Sueur [1]; elle se composait de Pierre Le Sueur, graveur sur bois, élève de Du Belley, né en 1636 et mort en 1716, et de ses fils : Pierre Le Sueur, dit l'aîné, né en 1663 et mort en 1698, qui grava spécialement la vignette ; Vincent Le Sueur, né en 1668 et mort en 1743, élève de Jean Papillon ; et Pierre Le Sueur, enfant d'un second lit, qui mourut vers 1750 : nous l'avons déjà signalé comme graveur de calendriers. Papillon dit de ce dernier qu'il travailla à Rouen, où il résidait, mais qu'il manquait, comme beaucoup de graveurs sur bois, de ce bon goût, de cette entente du clair-obscur et de la correction dans les figures, que procure l'habitude du dessin [2]. Le même Papillon estimait bien plus le talent de son père, auteur de quantités d'ouvrages admirables, et, ajoute Papillon, il grava surtout une estampe de billets mortuaires qui, seule, fait son éloge [3]. Pierre Le Sueur, dit l'aîné, se distingua également dans la gravure des billets mortuaires, et Papillon décrit de lui un billet composé par François Chauveau [4]. Nous connaissons plusieurs bois d'images de confréries dues au talent de ces graveurs, il est assez difficile de dire quel membre de cette famille d'artistes est l'auteur du bois ; voici, avec les dates, les images que nous avons vues :

Confrérie de Saint-Jean-Porte-Latine (Rouen, prieuré de Saint-Lô), *gravé par Le Sueur en 1660*.

Charité de Saint-Ouen (Montigny). *Le Sueur fecit 1666*.

Charité de Saint-Adrien et de Saint-Sébastien (Saint-Crespin du Becquet). *Le Sueur fecit 1667*.

Confrérie de Sainte-Reine (Rouen, église Saint-Nicolas). *Le Sueur, 1696*.

La confrérie et association de Sainte-Suzanne, Saint-Mathurin, Sainte-Clotilde, Sainte-Barbe et Sainte-Marguerite, fondée en l'église Saint-Sever de Rouen. P. Le Sueur fecit 1697.

---

1. Nous adoptons l'orthographe en deux mots (Le Sueur). Pierre Le Sueur, le chef de la famille, paraît cependant avoir écrit son nom en un mot.

2. J.-B. Papillon, *Traité historique et pratique de la gravure sur bois*. A Paris, chez P.-G. Simon, 1766, tome I, page 322.

3. J.-B. Papillon, *Traité historique et pratique de la gravure sur bois*. A Paris, chez P.-G. Simon, 1766, tome I, page 303.

4. J.-B. Papillon, *Traité historique et pratique de la gravure sur bois*. A Paris, chez P.-G. Simon, 1766, tome I, page 305.

Charité et confrérie de Saint-Gilles, Saint-Leu et Saint-Jacques le Mineur (Rouen, église Saint-Gilles de Répainville). *Le Sueur, 1701*.

Confrérie des Trois-Nativités (Rouen, église Saint-Maclou). *P. L. S. (Le Sueur) fecit 1704*.

La charité de Saint-Pierre et Saint-Paul (Rouen, église Saint-Paul). *P. Le Sueur, 1710*.

Confrérie du Rosaire (Canteleu). *P. L. S. (Le Sueur) fecit 1729*.

Nous donnons (planche X) le tirage d'un bois ancien de la collection de M. Pelay, dû au talent de Papillon. Il grava cette planche en 1752 ; c'est, croyons-nous, son œuvre principale en images de confréries ; il existe encore de lui, dans le recueil de ses œuvres du Cabinet des Estampes, trois images de confréries sans indications [1], ce doit être saint Hubert, saint Sébastien et saint Jean. Choffard, le célèbre graveur (1730-1809), auteur d'un nombre considérable de cartes-adresses remarquables, ayant reçu de Papillon un envoi de quelques planches, le remercie en ces termes, le 4 mars 1771 : *Je me suis arrêté longtemps à considérer une jolie Assomption de la Vierge et plusieurs sujets approchant de ce genre, quelques saints et saintes, entre autres une sainte Marguerite dont j'admire l'habileté du travail des draperies* [2]. Il est possible que quelques-unes de ces gravures aient été des images de confréries ; en tous cas, cette lettre montre que dans ces sujets religieux Papillon se surpassa. Néanmoins, les gravures les plus importantes de son œuvre, même sa sainte Geneviève, restent bien inférieures aux gravures de son temps : il ne possède pas la finesse et la perfection des graveurs du XVIIIe siècle, et la naïveté de ceux du siècle précédent ; la plus grande partie de ses œuvres fut commerciale.

Nous ne connaissons qu'un seul bois gravé par du Bellay (en 1648), c'est celui de la confrérie du Saint-Sacrement, fondée à l'église Saint-Vivien de Rouen. Ce graveur sur bois travailla surtout à Paris au milieu du XVIIe siècle ; il fut le maître de Pierre Le Sueur et de Jean Papillon.

Parmi les graveurs d'images de confréries normandes, il faut citer : Jacques (Jean-Nicolas), né à Rouen ; il vécut dans cette ville au milieu du XVIIIe siècle, et gravait spécialement les pièces d'argenterie ; il fit sur cuivre, en 1758, une image pour les Cordeliers de Rouen, celle de la *Confrérie de Saint Clair, martyr, et de Saint Antoine, anachorette* (sic), *de Sainte Marguerite, vierge et martyr, et de Saint Antoine de Pade* (sic). Il se retira à la fin de sa vie dans l'enclos des filles du Saint-Sacrement de la rue Morand, et, en 1794, il adressait de sa retraite une lettre au rédacteur du *Journal de Normandie* pour faire connaître au public le moyen de

---

1. Tome 1, p. 84.

2. PORTALIS et BÉRALDI : *Les graveurs du XVIIIe siècle*, tome III, p. 266

distinguer les faux assignats de 300 livres [1]. Nommons encore: du Vivier l'aîné (confrérie de Sainte-Reine à l'église Saint-Nicolas de Rouen, 1686); Goüel, auteur du cuivre de la *Confrérie de charité de la très sainte Vierge et du bienheureux S' Christophe* (Freneuse) et de celui de la *confrérie de la charité de S'-Sever* (Rouen, église Saint-Sever); il gravait aussi sur bois; le 31 janvier 1755, il fit marché avec la confrérie de Roncherolles-sur-le-Vivier, pour une gravure du Saint-Sacrement, au prix de 139 livres [2].

Nous avons vu aussi une œuvre de P. Costil, marchand papetier à Rouen; il avait reçu des leçons de Boutemont, auteur de la planche de la confrérie de Jérusalem [3], c'est celle de la confrérie des maîtres peigneurs, cornetiers, tabletiers de Rouen (1704), fondée à l'église Saint-Pierre-l'Honoré de Rouen. On doit à Neveu le jeune la planche en cuivre de la confrérie du Saint-Sacrement, gravée en 1768 (Rouen, église Saint-Éloi), et à Delamare la gravure sur bois de la confrérie de la Sainte-Trinité et de Saint-Luc (1725), fondée aux Carmes de Rouen; cette planche fut donnée à la confrérie par les célèbres maîtres vitriers, les sieurs Guillaume, Philippe et Jean Le Vieil.

Complétons cette liste de graveurs en donnant les noms de G. Amy, marchand et graveur (confréries de Sainte-Marguerite, Sainte-Catherine et Saint-Eustache à Quincampoix, 1771); de L.-J. Le Vacher (confrérie de Notre-Dame-de-Grâce, église Saint-Étienne des Tonneliers, Rouen, 1764), et Le Cartel (confrérie de la très sainte et glorieuse Trinité, Saint-Gervais-lez-Rouen).

Les images de confréries existaient en grand nombre en Normandie; rappelons que Veucelin a recueilli des renseignements sur près de quatre cents confréries de charité normandes; la liste en a été publiée par la Société libre d'agriculture, sciences, arts et belles-lettres du département de l'Eure, à la suite du travail de Veucelin sur les confréries de charité normandes [4]. Toutes ces confréries avaient chacune leurs images. A cette liste il faudrait ajouter les confréries des corporations et les confréries religieuses; le nombre des images de confréries pour la Normandie seule est donc énorme. Nous n'entreprendrons pas, dans ces simples notes sur l'imagerie populaire, l'énumération de toutes les pièces connues; disons-le franchement, nous reculons devant l'immensité des recherches à faire. Les

---

1 *Biographie normande de Pasquier.* Manuscrit de la Bibliothèque de la ville de Rouen.

2. De Beaurepaire, *Mélanges historiques et archéologiques Notes sur les images de confrérie.* Rouen, L. Gy, 1897, page 105.

3. *Traité historique et pratique de la gravure sur bois*, par J.-B. Papillon, à Paris, chez P. G. Simon, 1766, Tome I, page 306.

4. *Documents concernant les confréries de charité normandes*, recueillis par E. Veucelin. Evreux, imprimerie de Charles Hérissey, 1892.

Pages manquantes, voir :

Bulletin de la Société archéologique, ...
et artistique. Le Vieux Papier, 190...

p. 113, 205-213, ...-3.2.

Ce canard, imprimé chez Périaux, eut un succès colossal. Les personnes qui n'avaient jamais vu de locomotives, achetèrent cette image ; les paysans discutaient sur le succès et les inconvénients de ces machines ; si Duchesne vivait encore, il n'aurait pas besoin de faire un cours sur les automobiles aux habitants des campagnes, ils savent ce que c'est, et en ont vu assez ; au moment de l'inauguration du chemin de fer de Paris à Rouen, il saisissait l'occasion d'un incident dans le voyage pour composer un canard, illustré avec la locomotive. Nous apprenons ainsi qu'il arrivait fréquemment des

Fig. 4.

pannes au début de ce moyen de locomotion, les roues de la locomotive prenaient feu, on manquait d'eau pour la machine, on arrivait avec deux ou trois heures de retard, et, ce qui peut nous paraître extraordinaire, les voyageurs étaient contents et ne se plaignaient pas.

Les canards imaginaires sont de l'invention du colporteur ; dans ses voyages, dans ses conversations, il a recueilli des histoires à dormir debout de revenants, de loups-garous ou de bêtes monstrueuses, et en a composé des canards ; il ne croyait pas à tous ces contes, mais il se gardait bien de faire sortir les populations des campagnes de leur ignorance et de les tirer de leur crédulité, dont il vivait. Certaines de ces histoires, reprises de colporteur en colporteur, firent le tour de la France ; la plus célèbre est celle de *La bête monstrueuse et cruelle du Gévaudan*, dont on parla davantage peut-être que des plus grands conquérants. *Le Ménaras animal amphibie* est un descendant de la bête du Gévaudan, Duchesne en donne la description dans une pièce imprimée chez N. Marchand, à Rouen.

Dans cette catégorie de canards rentrent ceux imprimés chez Périaux ayant pour titre : *Armée de Bellone.* Nous en connaissons deux, l'un illustré

Fig. 5.

avec le portrait en buste d'une *fantassine*, d'une *canonière* et d'une *cavalière*, l'autre représente une compagnie d'élite coiffée du *schékos* (sic) polonais et armée de lances (fig. 5). Le bois de ce dernier canard a été fait avec le bois coupé du calendrier de l'année 1833, imprimé chez G.-B. Delamare. Le canard fut imprimé chez Périaux et donne quelques détails sur cette curieuse armée : *Il est peut-être plus politique que nécessaire d'accueillir la proposition que fait le beau sexe, de prendre part aux travaux de nos guerriers. Le nombre et la valeur de ces héros sont sans doute plus que suffisants pour étonner le monde entier par nos succès ; mais pourquoi refuserait-on à la plus belle moitié du genre humain de prendre part aux triomphes de l'autre ? Qui sait d'ailleurs si, accoutumées à vaincre par leurs charmes, les femmes ne portent point dans leurs cœurs le germe de ce courage excité qui produit de grands prodiges ? L'histoire fournit des exemples, et l'élévation d'âme distingue encore de nos jours un grand nombre de dames !*

Tels sont les principes qui nous ont déterminés à approuver qu'il fût levé dans l'État une armée de deux cent mille filles.

Il sera établi des magasins d'oranges et de citrons, de pâtisserie, comme petits pâtés, échaudés, biscuits et macarons, pour assurer la subsistance de la troupe.

Cet enrôlement extraordinaire se fera par devant Bellone, qui donnera les ordres nécessaires pour la formation des corps d'infanterie et de cavalerie.

Chaque département fournira de l'une et l'autre arme.

Les femmes maltraitées par leur maris auront le droit de s'engager volontairement.

Les fantassines seront vêtues en jupon ; elles porteront une cuirasse.

Les compagnies du centre seront coiffées d'un chapeau d'amazone, orné d'un panache.

Les compagnies d'élite seront coiffées d'un schékos polonais et armées d'une lance.

Les étendards et les drapeaux représenteront Vénus, et auront pour devise : BEAUTÉ et TENDRESSE, *et le nom du département.*

Ces quelques extraits donnent le genre du canard ; il faut remarquer qu'il n'y a pas la plus petite grivoiserie, le sujet y prêtait cependant ; mais, au début du XIX⁰ siècle, le peuple ne recherchait pas ces plaisanteries, aussi on n'en rencontre pas ou très peu en imagerie populaire. *L'armée de Bellone* nous montre que le féminisme n'est pas une découverte moderne.

Faut-il faire entrer dans cette catégorie de canards une feuille imprimée chez Picard-Guérin, à Caen, ayant pour titre : *Sermon en proverbes. Tant va la cruche à l'eau qu'enfin elle se casse. Ces paroles sont tirées de Thomas Corneille, Molière et compagnie, Sganarelle à Don-Juan. Acte V. Scène III ?* [1] Cette pièce n'est pas illustrée, elle est intermédiaire entre le canard et la Bibliothèque bleue ; elle rappelle certaines pièces burlesques de ces petits livres et n'en diffère que par l'aspect. Ce sermon fut d'ailleurs imprimé sous forme de livre, nous en possédons un imprimé à Montereau, chez T. Moronval, vers 1840.

Il nous reste à dire quelques mots de certaines pièces que l'on peut appeler canards, ou calendriers. Ce sont des calendriers par leur forme et

---

1. Elle se trouve à Caen, au Musée des Antiquaires de Normandie, dans un recueil d'images de Picard-Guérin.

parce qu'ils contiennent le tableau des jours de l'année, ce sont des canards par leur texte relatant des faits divers. Nous avons déjà eu l'occasion de signaler plusieurs images communes aux calendriers et aux canards, telles que *la Foire Saint-Romain* et *l'Armée de Bellone*. Voici quelques canards-calendriers qui ne figurent pas dans la liste que nous avons publiée :

1828. *Evènement militaire arrivé à Bruxelles* et *Assassinat horrible arrivé à Saint-Pierre, département de Seine-et-Marne*, avec des *Détails curieux et intéressants sur la femme à la tête de Mort* et une chanson : *Les heureuses couches de la femme à la tête de mort*. Imprimerie Périaux.

1829. *Individus condamnés par la Cour d'assises de Rouen*, avec une note sur ces individus et une chanson. Imprimerie Périaux.

1838. Bois représentant des malfaiteurs arrêtant des voyageurs ; avec le récit de plusieurs crimes. *Imp. de G. B. Delamare, rue des Murs-Saint-Ouen, N° 5. Se vend chez Raliguet, rue du Ruissel N° 79 à Rouen.*

1839. *Calendrier mystérieux pour 1839. La fille du tombeau.* Avec une complainte de Lelièvre et un récit ayant pour titre : *Mystère. Imp. de Surville et Grindel, rue Saint-Antoine, 10.*

1846. *Calendrier des faits remarquables pour l'année 1846. Horrible assassinat ; condamnation de Malandin, complainte à ce sujet. Malheur arrivé à Bolbec. Assassinat d'un vieillard*, etc. *Imp. de A. Surville, imprimeur de la Cour Royale, rue des Bons-Enfants, 46.*

On trouve des canards imprimés dans des maisons peu connues ; quand le colporteur en tournée avait épuisé sa provision, il faisait composer un nouveau canard par l'imprimeur de la localité, il lui fournissait le texte et le bois. Le plus souvent, les canardiers prévoyants faisaient tirer de chaque sujet un nombre suffisant d'exemplaires pour ne pas en manquer, et ils donnaient ce travail à leur imprimeur habituel. Duchesne faisait travailler à Rouen principalement deux imprimeries, celle de Périaux et celle de Marchand. Il existe aux Archives de la Seine-Inférieure un certain nombre de canards faisant partie du dépôt légal ; ils sortent presque tous de ces deux maisons. Nous avons déjà rappelé qu'Émile Périaux, successeur de la veuve Ferrand, avait épousé une sœur des Bérat : C'est elle qui tenait les comptes de la maison, et elle écrivait sur les pièces déposées à la préfecture le nombre du tirage de chacune d'elles, déclaration nécessaire à faire pour obtenir l'autorisation. Nous avons vu de cette imprimerie un canard imprimé sur papier rose, ayant pour titre : *Monseigneur le Cardinal, Archevêque de Rouen, prince de Croï, sur son lit funèbre* ; il fut imprimé en 1844.

L'imprimerie de Napoléon Marchand se trouvait rue Orbe, 108 ; en 1844, elle fut transférée rue Royale, 15. Le canard le plus curieux sorti de cette imprimerie est celui de l'*Affreuse catastrophe de Monville*, imprimé en

1845, pour le compte de Duchesne. Cet imprimeur fit aussi plusieurs canards avec le portrait du général Tom-Pouce.

En plus de ces deux maisons, les principaux imprimeurs de canards rouennais étaient : Baudry, imprimeur du roi, dont l'imprimerie était rue Beauvoisine, puis fut transportée rue du Faubourg-Bouvreuil et enfin rue des Carmes ; Berthelot, rue des Faulx, 73 ; N. Hermant, rue Nationale, ancien prote de Seyer et Behourt, s'associa à Guilbert et créa une imprimerie vers 1794 ; il eut Mégard pour successeur ; Berdalle de la Pommeraye, qui, après avoir été imprimeur rue de la Savonnerie, près de la Fontaine de Lisieux, et ensuite rue de la Vicomté, devint, en 1854, commissaire de police à Versailles. Nous avons vu aussi des canards imprimés chez Lecointe, chez Charles Bloquel, Bloquel fils et Bloquel-Gallier, chez Surville, chez Boniface Delamare et chez Lebourg, tous imprimeurs rouennais.

A Darnétal, Thonnel imprima quelques canards, ainsi que Fournier à Elbeuf ; Dupray à Honfleur ; Falloppe à Gournay ; Delavoye à Dieppe et Lemale au Havre.

En basse Normandie, nous connaissons des canards de l'imprimerie de J.-P. Anger, à Condé-sur-Noireau ; de l'imprimerie J.-V. Voisin et Cᴵᵉ, à Coutances, et de l'imprimerie de Malassis le jeune à Alençon. Cette dernière imprimerie avait été créée par le petit-fils de Jean Malassis, médecin de la duchesse Anne de Bretagne, sous le patronage de la reine Marguerite de Navarre, sœur de François Iᵉʳ. A la mort de cette dernière, la ville d'Alençon offrant peu de ressources, les Malassis vinrent s'établir à Rouen ; ils y restèrent jusqu'en 1670, époque à laquelle ils retournèrent à Alençon [1].

A Caen, il dut y avoir un grand nombre d'imprimeurs de canards ; nous ne citerons que ceux dont nous avons vu le nom au bas de ces impressions ; ce sont : la veuve Leroux, dont l'imprimerie était rue Saint-Martin ; N. G. Dedouit, imprimeur et libraire, rue Pémagnie, et Gilles Le Roy, imprimeur du roi et libraire, rue Froide-Rue.

De nos jours, on n'imprime plus de canards en Normandie ; le journalisme, par son grand développement, les a tués. Ils ne sont pas cependant tout à fait disparus de nos places publiques et de nos campagnes ; de temps en temps des camelots y vendent des canards illustrés imprimés à Paris, mais ils n'ont pas le succès des canards d'antan ; l'ouvrier a son journal, il s'en contente ; quant au collectionneur, ces pièces modernes présentent pour lui peu d'intérêt ; elles n'ont plus la naïveté des canards de Duchesne, naïveté qui en fait tout le charme. La littérature et l'imagerie populaire ont suivi la même évolution que les foules. Les populations ne vivent plus

---

1. Notes manuscrites de Frère sur l'imprimerie en Normandie. Bibliothèque de la ville de Rouen.

dans l'abêtissement, et elles ne croient plus aux légendes ; ce qui les intéresse aujourd'hui, c'est l'impôt sur le revenu, la liquidation des congrégations, le rachat du réseau du chemin de fer de l'Ouest. Où est le temps où l'ouvrier se délectait en lisant l'histoire du *Ménaras, animal amphibie ?* Voilà que nos canards nous conduisent à une pente bien dangereuse : laissons-les donc, ainsi que la politique.

IV

L'imagerie populaire proprement dite.

Les calendriers, les images de confréries, les canards, véritables images populaires, ne sont pas celles auxquelles on donne généralement ce nom. Les images populaires proprement dites sont imprimées grossièrement et enluminées au patron.

Il est assez difficile de fixer la date de l'apparition de l'imagerie populaire ; si elle n'est pas l'aînée de l'imprimerie typographique, elle doit être sa sœur jumelle. Les impressions xylographiques datent du début du XVᵉ siècle ; elles étaient faites à l'aide de bois gravés ; les œuvres de ce genre les plus connues sont les *livres d'images*, tels que la *Bible des pauvres*, l'*Histoire de saint Jean*, et l'*Histoire de la Vierge*.

Les grandes fabriques furent en France, au XVIIIᵉ siècle, celles de Chartres, d'Orléans et de Troyes. Des ateliers se créèrent plus tard à Paris, au Mans, à Beauvais, à Cambrai, à Lille et à Caen. De toutes ces imageries, il n'existe plus aujourd'hui que les dernières créées, celles de l'Est de la France ; la plus connue est l'imagerie Pellerin, à Épinal, d'où le nom d'*images d'Épinal* donné généralement aux images populaires.

Nous espérions trouver des documents sur l'imagerie normande dans plusieurs ouvrages ; notre attente a été déçue. De Liesville, auteur d'un recueil très recherché de bois ayant trait à l'imagerie populaire [1], n'a pas donné de tirages de bois normands, la plupart sont du Mans et proviennent des ateliers de Leloup ; ils ont néanmoins un grand intérêt. Le Blanc-Hardel, imprimeur à Caen, a fait paraître, en 1878, un album d'anciens bois, faisant partie de ses collections. Cet ouvrage contient surtout des vignettes et des images destinées à illustrer les livres de la Bibliothèque bleue ; on n'y trouve que deux bois d'images normandes, celui de *Thomas Hélie* et celui de l'*image miraculeuse de Notre-Dame-sur-Vire*. Champfleury, dans son *Histoire de l'imagerie populaire*, a reproduit plusieurs bois anciens, auxquels il donne le titre de bois normands. Cet auteur les a trouvés à Caen ; ce n'est pas une raison suffisante pour leur fixer une origine normande. Nous avons donné des tirages de trois bois anciens (planches I, XI et XII), provenant d'une collection rouennaise, et nous pensions que ces bois venaient d'une impririe de Rouen : renseignements pris près du propriétaire de ces bois, M. Pelay,

---

1. *Recueil des bois ayant trait à l'imagerie populaire, aux cartes, aux papiers......*, publié par A. B. DE LIESVILLE. Caen, F. Le Blanc-Hardel, 1867.

nous avons appris que ces planches gravées avaient été acquises loin de la Normandie et qu'elles étaient probablement flamandes. De nos jours, tous les objets de curiosité sont centralisés à Paris par les marchands; les amateurs, grâce à leurs connaissances spéciales, peuvent, pour certains, en indiquer la provenance ; il n'en est pas de même en imagerie. Généralement les images populaires des diverses fabriques ne possèdent pas de caractères spéciaux permettant de les distinguer, les sujets sont le plus souvent semblables, et sans le nom de l'imagier imprimé au bas de la feuille, il serait difficile d'en dire l'origine.

L'histoire de l'imagerie populaire normande est donc peu connue, nous sommes arrivé à jeter les bases d'un travail en examinant les images parvenues jusqu'à nous, conservées par des collectionneurs. Bases peu solides peut-être, à refaire dans quelques années, si de nouvelles découvertes font connaître des imagiers ignorés aujourd'hui.

En Normandie, il y avait, au début du XIX⁰ siècle, plusieurs fabriques d'images : on voit souvent des images sorties des ateliers de Picard-Guérin et de ses successeurs, à Caen ; les œuvres des autres imagiers sont beaucoup plus rares. En dehors des fabriques caennaises, les documents sur l'imagerie à Rouen et à Évreux sont peu importants. Nous étudierons d'abord l'imagerie à Rouen, puis à Évreux, et enfin à Caen. La Révolution a rendu ce travail difficile ; à cette époque, beaucoup de bois intéressants furent brûlés, les imagiers s'empressèrent d'anéantir des planches gravées et des images conservées en magasin, pouvant rappeler la royauté, elles auraient pu faire croire qu'ils étaient partisans des tyrans ! Ces imprimeurs suivirent le mouvement général de l'époque ; que de gravures déchirées, que d'ex-libris arrachés en 1793, pour en faire disparaître les armoiries et prouver ainsi son patriotisme ! Dans toutes les collections on retrouve des traces de ce vandalisme. Le temps a eu une action destructive au moins égale à celle de la Révolution. Nos lecteurs nous excuseront donc si nos notes ne sont pas plus complètes.

L'imagerie populaire à Rouen.

L'industrie des cartes à jouer fut si florissante à Rouen, et il existe de tels rapports dans les moyens de production entre les imagiers et les cartiers, qu'il dut y avoir dans cette ville plusieurs fabriques d'images. Rappelons aussi qu'à la fin du XVIIIᵉ siècle Rouen était le centre de production des papiers de tenture dont le procédé de fabrication était semblable à celui des images populaires.

M. Ch. de Beaurepaire, archiviste honoraire de la Seine-Inférieure, a trouvé dans des contrats de vente de terres, datant de 1527 et de 1531, le nom de Nicolas Bougon, *cartier, faiseur d'images en papier, domicilié paroisse S' Jehan de Rouen.* C'est le plus ancien imagier rouennais que nous connaissions. Le 30 avril 1610, le Parlement accordait à Noël Lepeley, *maître du métier de cartier*, à Rouen, la permission *de faire et vendre la figure et représentation du Roy et de la Royne et des sieur et dame leurs enfants, suivant le portrait qu'en a fait et dressé le sieur Lepeley* [1]. Nous n'avons pas vu d'images de Bougon et de Lepeley ; par contre, il y avait, à l'Exposition rouennaise d'imagerie populaire, un saint Pierre avec cette légende : *St Pierre priez pour nous*, et une *Notre-Dame de la Délivrande* avec les ex-voto suivants : *Louis Notel de Caen a été guéry en l'an 1703*, et *Iacques Iean Dandrieu fut guéri en l'an 1646*. Ces deux images, qui portent l'adresse de A. C. de Hautot, rue du *Gros-Horloge*, permettent de croire que ce maître cartier en imprima d'autres. A ces deux pièces retrouvées dans la monture d'un carton destiné à serrer des coiffes, il faut ajouter des fragments d'une troisième image, une sainte Catherine signée G. L., dont on retrouve des morceaux sur ce même carton appartenant au musée du vieux Honfleur. A. C. de Hautot faisait partie d'une famille de cartiers ; en 1774, il y en avait quatre de ce nom à Rouen : Adam de Hautot, rue de la Vicomté, ancien garde de la communauté des marchands cartiers, feuilletiers, dominotiers, de la ville et faubourgs de Rouen ; M. de Hautot, rue Malpalu ; L. A. de Hautot, Grande-Rue, qui fut syndic en 1787, et P. de Hautot, rue du Père Adam [2].

A l'Exposition rouennaise d'imagerie populaire figurait encore une Trinité avec le nom de Le Fougeux et Guillaume Lyrant. Malheureusement, l'adresse de ces imprimeurs a été déchirée, mais M. Taurin, qui en est le propriétaire, avait lu sur cette image, avant qu'elle ne fût détériorée, le mot Rouen. Elle paraît avoir été imprimée à la fin du XVIIe siècle.

Lecrêne-Labbey, imprimeur à Rouen, composa, dans les premières années du XIXe siècle, un catalogue de livres de la Bibliothèque bleue, et d'images en vente chez lui. Ce catalogue fut imprimé à la fin de l'Empire ; on y trouve annoncé plusieurs portraits de la famille impériale, et cette indication : *princes et princesses de France*, ce qui laisse supposer que les Bourbons n'étaient pas, à cette époque, remontés sur le trône. L'image de M. et Mme Denis figure sur le catalogue ; on sait que la comédie de Simonnin et B*** fut représentée, pour la première fois, à Paris, sur le théâtre de la Gaîté, le 13 juin 1808, et que la célèbre chanson de Désaugiers, *Souvenirs nocturnes de deux époux du XVIIIe siècle*, date de l'Empire. En parcourant la liste des livres de la Bibliothèque bleue, qui se trouve dans ce catalogue, notre opinion se trouve confirmée par plusieurs titres, en particulier par celui-ci : *Le petit secrétaire impérial*. Ce catalogue dut paraître en 1812 ou en 1813. Nous possédons quelques-uns des livres qui y sont annoncés, et

---

1. GOSSELIN. *Glanes historiques*, page 139.
2. *Tableau de Rouen*. Machuel, 1774.

ces livres ont été imprimés chez Lecrêne-Labbey, mais nous n'avons vu aucune image populaire véritable avec son adresse. Cet ancien catalogue, vieux d'aujourd'hui cent ans, est curieux et il est heureux qu'Édouard Frère, qui fut conservateur de la Bibliothèque de la ville de Rouen, ait eu la bonne pensée de le recueillir [1]. En reproduisant ici la liste des images vendues dans cette imprimerie rouennaise, nous donnerons un aperçu de la composition d'un magasin d'imagier dans les premières années du XIXᵉ siècle.

Le catalogue de Lecrêne-Labbey se compose de huit pages in-8°, et comprend : la *Bibliothèque bleue*, les *petits livres de prières*, l'*imagerie*, les *images et estampes de Paris*, les *almanachs et étrennes*. Il a pour titre : *Catalogue de la Bibliothèque bleue et des images qui se trouvent chez Lecrêne-Labbey, Imprimeur-Libraire, grande-rue, Nᵒ 173, à Rouen.*

Voici, avec le prix, les images que l'on pouvait acheter chez Lecrêne-Labbey :

IMAGERIE

Petit domino à 14 fr. la rame.

Christ avec la Passion ; id. avec sainte Véronique ; id. avec les deux Larrons.
Christ avec la Madeleine, fond rose, bleu, vert, violet, noir, jaune, carmélite et blanc.
Naissance, Flagellation, Mort et Passion de N. S. J. C.
Sainte-Famille. — Saint-Sacrement.
Notre-Dame de Bon-Secours, de Bonne-Nouvelle, de Délivrande, de Grâce, de Liesse, et des Sept-Douleurs.
SS. Adélaïde, Alexis, Anne, Catherine, Clair, Clotilde, Crépin et Crépinien, Donat, Dorothée, Élisabeth, Geneviève de Braban, Gengon (*sic*), Gervais et Protais, Honorine, Hubert, Jacques, Jean-Baptiste, Julien, Lambert, Louis, Lubin, Marie-Madeleine, Marguerite, Martin, Maure et Brigide, Mein, Nicolas, Pierre, Rémi, Rieul (*sic*), Sophie, Thérèse et Victoire.
Christ et Vierges, 4 à la feuille.
Saint et Saintes, 16 à la feuille.
Enfant prodigue. — Joseph. — Juif Errant. — Samaritaine. — Suzanne.
Napoléon. — Marie-Louise. — Le Roi de Rome.
Soldats français, 12 à la feuille.
Dragons, Cuirassiers, Hussards à pied et à cheval, 2 à la feuille.
Grenadiers et Cavaliers, 4 à la feuille.
Canonniers.
Adélaïde et Ferdinand. — Barbe-Bleue. — Cendrillon. — Cornard. — Crédit est mort. — Damon et Henriette. — M. et Mᵐᵉ Denis. — M. Dumollet. — Jeanne d'Arc. — Malboroug. — Paul et Virginie. — Pyrame et Thisbé.
Degré des âges. — Promenades champêtres. — Statuts des Ivrognes.

Grandes pièces de 4 feuilles à 1 fr. 50 la douzaine.

Christ, de huit sortes, sur fond noir, bleu, rouge et jaune. — Vierges, de huit sortes. — Saint et saintes, assortis. — Saint-Sacrement. — Création du monde. — Arche de Noé et sujet de dévotion. — Monde renversé. — Cris de Paris. — Principaux de l'Europe. — Vendanges. — Quatre-saisons. — Enfant prodigue. — Empereur et Impératrice. — Lustucru. — L'empereur et son armée. — Le déluge. — Tours de lit et de cheminée.

---

1. Ce catalogue se trouve dans les notes réunies par Frère sur les imprimeurs normands (Dossier Lecrêne-Labbey).

Grand Christ à 4 feuilles, avec la Passion, fonds noir et bleu, fins, la douzaine.   2 10
Vierges, la douzaine. 2 10
Jeu de loto, en feuilles, la douzaine. . . . . 6 »
Numéros pour les boules, la douzaine . . . . » 40
Jeu royal de l'oie, sur papier, la douzaine. 1 20
Damier, français et polonais, la douzaine. 1 20
Cadrans d'horloge, assortis, la douzaine 1 80

Ce catalogue se continue par la liste des *Images et estampes de Paris*, en vente chez Lecrêne-Labbey. Il y avait des *petits saints à couper, depuis 2 jusqu'à 96 à la feuille,* des *images grotesques à couper, à pied et à cheval, empereur, soldats, alphabets, cartes et autres,* des *modes grotesques, un à la feuille,* et quantité d'autres images, leur prix nous oblige à ne pas les classer dans ce que nous appelons l'imagerie populaire : ce sont des estampes et non des images à un ou deux sous imprimées sur gros papier.

La liste des livres de la Bibliothèque bleue, du catalogue de Lecrêne-Labbey serait intéressante à réimprimer ; elle comprend plus de 300 titres.

Après avoir fait connaître des images populaires en vente chez un imprimeur de Rouen et qui n'ont peut-être pas été imprimées chez lui, nous allons signaler quelques images vues. M. Pelay possède, dans sa collection, plusieurs images religieuses ; on peut les considérer comme des images populaires, ce sont des images imprimées par des canardiers, destinées à être vendues à des pèlerinages : *La Bénédiction du Saint-Père,* imprimé *à Jérusalem, de l'imprimerie des pèlerins Romains et réimprimé à Rouen, chez Charles Bloquel, imp.-lib., rue Saint-Lô, près le Palais de Justice ;* un saint Mein qui était vendu par Duchesne ; et un *bienheureux saint Onuphre, illustre solitaire* (fig. 6), vendu par le même. Cette dernière image fut imprimée chez Émile Périaux et chez G.-B. Delamare ; c'est la réduction de celle-ci que nous donnons. Saint Onuphre était en grande vénération dans le diocèse de Rouen ; le cantique qui se trouve sur l'image donne la liste des affections pour lesquelles on invoquait ce saint :

> Quelquefois ici l'impotent
> Jette au feu sa béquille,
> Et l'affligé rentre content
> Au sein de sa famille.
> Nous avons vu les langoureux
> Et des paralitiques
> Retourner librement chez eux
> En chantant des Cantiques.

Les pèlerins se rendaient le 19 juin, jour de la fête du saint, à Saint-Paër, à Biville-la-Baignarde, où ils se baignaient dans une mare, au Mesnil-Follemprise, à Bordeaux-Saint-Clair, à Saint-Vigor-d'Imonville, à Manéglise, à Dancourt, à Montérollier, à Saint-Arnoult, où il existe une statue du saint, à Hattenville, où il y avait également un pèlerinage très fréquenté, à Saint-

Mein, pour les maladies de la peau, ou au Mesnil-Durdent, où il y avait une mare de Saint-Onuphre. Les estropiés n'avaient que l'embarras du choix.

Nous connaissons encore un *Jeu de l'oie* imprimé chez Mégard, dont le bois ancien appartient à M. G. Ruel.

L'imagerie populaire à Évreux.

A Évreux existait, dans les dernières années du XVIIIe siècle, une imprimerie dont nous avons vu plusieurs images populaires, c'est celle d'Ancelle : elle fut tenue, de 1783 à 1815, par Jean-Jacques Louis Ancelle ; de 1815 à 1839, par Jean-Jacques Ancelle, et de 1840 à 1845, par Jules Ancelle. Sur les images avec le nom d'Ancelle, les bois portent l'adresse d'un autre imprimeur et l'on pourrait croire qu'Ancelle acheta les images et imprima le texte, mais il est plus simple d'admettre que l'imprimeur de l'image imprima en même temps le texte, et mit le nom et l'adresse d'Ancelle, pour lequel il faisait ce travail. M. Pelay possède une image ayant pour titre : *C'est la faute à Pierrot*, l'image porte l'adresse de Garnier-Allabre, le texte celle d'Ancelle. Il y avait, à l'Exposition rouennaise d'imagerie populaire, un placard mesurant 52 centimètres sur 42, contenant les images suivantes : *Les adieux de Louis XVI à sa famille ; Les adieux de la reine à sa famille ; Louis XVI allant au supplice ; Le Dauphin et Madame priant pour leurs parents ; Le saule pleureur*, et les portraits de Henri IV, de Louis XVIII, du duc et de la duchesse d'Angoulême, avec comme texte une *Complainte sur Louis XVI*, une romance et le *Jugement de feu Louis XVI*. Cette image porte le nom et l'adresse d'Ancelle, mais nous connaissons une image identique avec l'adresse de Lawalle, imprimeur à Bordeaux. Cette pièce fut répandue à profusion dans toute la France, au retour des Bourbons ; elle eut probablement un imprimeur unique qui mit, dans les divers tirages, le nom et l'adresse des imprimeurs, ses clients.

La plus intéressante des images que nous avons vues avec l'adresse d'Ancelle est *Le vrai portrait du Juif errant tel qu'on l'a vu passer à Avignon le 22 avril 1784*. Cette image a 40 centimètres sur 30. Le Juif errant, les pieds chaussés de sandales, marche à travers les déserts. Le début de son histoire se déroule dans un coin de l'image; on voit le Christ tombé sous le poids de sa croix, auquel le cordonnier dit: *Avance et marche donc*. Plus bas, le Juif errant est représenté s'entretenant avec des bourgeois en habit Louis XV. L'image porte l'adresse suivante : *Garnier-Allabre, fabricant d'images, libraire et papetier, place des Halles, n° 17, à Chartres;* à la fin du texte, se trouve l'adresse d'Ancelle. Comme les précédentes, cette image dut être imprimée par Garnier-Allabre pour le compte d'Ancelle ; elle est identique à celle reproduite par Garnier dans son *Histoire de l'imagerie*

LE BIENHEUREUX SAINT-ONUPHRE, ILLUSTRE SOLITAIRE.

CANTIQUE NOUVEAU

SUR LA VIE DE SAINT ONUPHRE.

AIR : *Chrétiens qui voulez conserver.*

Chrétiens, d'un cœur dévotieux,
Venez dans nos parages,
Onuphre protège en ces lieux,
Vos saints Pélerinages :
Venez, dans de pieux desseins,
Car le sauveur du monde,
Veut qu'on admire dans ses Saints,
Sa sagesse profonde.
   Onuphre naquit pour les Cieux,
Son âme étoit céleste,
Le monde ne fut à ses yeux,
Qu'un poison, qu'une peste.
Dès son enfance ayant horreur
Des plaisirs de la terre,
Il alla chercher le Seigneur
Au fond d'un Monastère.
   La vertu d'Onuphre y croissoit
D'une lumière étrange,
Chaque Religieux croyait
Qu'Onuphre étoit un Ange.
Tous enviers de leur salut,
Le prenant pour modèle,
Concouraient vers le même but,
Avec le même zèle.
   Un jour notre jeune Profès,
Entendit tout ses frères,
Dire qu'ils étoient moins parfaits
Que les Saints solitaires,
Plein d'une sainte ambition,
Aussitôt il projette,
D'atteindre à la perfection
D'un Saint Anachorète.
   Mais craignant la présomption,
Dans cette ardeur extrême,
Onuphre avec soumission,
Consulte son Dieu même :

Dieu lui répond qu'il parle au cœur
De l'homme en solitude,
Et qu'il offre à son serviteur,
Cette béatitude.
   A ces mots, ce bon serviteur,
Dans son projet persiste,
Il veut être l'imitateur
Du grand Saint Jean-Baptiste,
Oui, s'en est fait il va partir,
Il s'approvisionne,
De son Couvent il va sortir,
Sans rien dire à personne.
   Il vole, et bientôt à l'écart,
Il voit une cellule,
Il entre, il y trouve un vieillard,
Il devient son émule,
Le vieillard pendant quelques jours
Éprouve son élève ;
Mais Onuphre poursuit toujours,
Sans demander de trève.
   Notre bon vieillard satisfait
De cette épreuve austère,
Dit, Onuphre, vous êtes fait
Pour vivre en solitaire,
Dieu vous a préparé l'endroit,
Que cherche votre zèle,
Je vais vous conduire tout droit,
Où ce Dieu vous appelle.
   Il sort, ils arrivent tous deux,
La cinquième journée,
Ils voient dans un désert affreux,
La grotte destinée :
Le vertueux guide introduit
Le Saint qu'il accompagne,
Dans ce solitaire réduit,
Au pied d'une montagne.
   Adieu, mon cher Onuphre, adieu,
Dit le vieux solitaire :
Votre âme en commerce avec Dieu,
Doit oublier la terre,
Remplissez ce sacré devoir
De votre destinée.

Adieu, je reviendrai vous voir,
Une fois chaque année.
   Onuphre seul dans le désert,
Déjà prie et s'enflamme,
Il sacrifie au Dieu qu'il sert,
Et son corps et son âme.
A ses naissantes passions
Il fait déjà la guerre,
Par des mortifications,
Et par un jeûne austère.
   Cent fois Satan lutte et mugit,
Contre le jeune athlète,
Cent fois Satan tombe et rougit
De sa prompte défaite
Jeûnant et priant sans repos,
Le Saint veille à sa gloire,
Et le Diable mal-à-propos
Attend quelque victoire.
   Satan enfin manquant de cœur,
Abandonne la lutte,
Et laisse l'athlète vainqueur
Respirer dans sa hutte,
Sachant que quoique non vaincu
On n'est pas invincible,
Le Saint vit comme il a vécu,
Toujours pour soi terrible
   On inspire venant le voir
Dans son Saint hermitage,
En entrant croit apercevoir
Un animal sauvage
Mais voyant les vertus des Cieux
Dans un corps si difforme,
Paphnuce devient sur eux,
Questionne et s'informe

   Onuphre après avoir lutté
Soixante dix années
Voit enfin dans l'éternité,
Ses peines couronnées ;
Son âme en liberté jouit
Des délices célestes,
Pendant que Paphnuce enfouit
Ses respectables restes
   Paphnuce en Égypte rendu
Il chante ses merveilles,
Partout Paphnuce est entendu
Et charme les oreilles,
Les biens qu'Onuphre fait ici,
Cache sous son image,
Nous forcent de chanter aussi
Notre heureux avantage.
   Sous l'étole, aux pieds de l'Autel,
D'une main bienfaisante,
Ce Saint offre les dons du Ciel
A l'âme confiante
L'informe dont la foi soutient
La fervente prière,
Sous nos yeux très-souvent, obtient
Sa guérison entière
   Quelque fois ici l'impotent,
Jette au feu sa béquille,
Et là l'affligé rentre content
Au sein de sa famille
Nous avons vu des langoureux,
Et des paralitiques
Retourner librement chez eux,
En chantant des Cantiques
   Chrétiens, d'un cœur dévotieux,
Venez dans nos parages,
Onuphre protège en ces lieux
Vos Saints Pélerinages
Venez pauvres estropiés,
Réclamer nos suffrages
Venez déposer à nos pieds,
Vos vœux et vos hommages
     FIN

Bourg, imp. de C. B. Dezauche.

Fig. 6.

populaire [1], et elle est semblable à l'image que Champfleury donne en réduction en tête de son ouvrage *Histoire de l'imagerie populaire*. Cette planche, écrit cet auteur, a été imprimée, jusqu'à la fin de la Restauration, chez Bonnet, rue Saint-Jacques, à Paris. Garnier attribue au burin de Louis Allabre l'image de Chartres ; nous ne pensons pas qu'il soit l'auteur de la composition, c'est une copie d'une image plus ancienne. Si on examine plus attentivement cette image, on voit que l'un des bourgeois n'a qu'une seule jambe, Allabre a oublié d'en graver une : cette omission ne peut être faite que par un copiste. Sur l'image de Bonnet, le bourgeois n'est pas amputé. La planche dont nous donnons un tirage (planche XII), appartient à M. Pelay, elle est semblable à celle de Bonnet et est de la même époque ; son auteur fut probablement un des nombreux *tailleurs* ambulants qui parcouraient la France. Nous avons donné un tirage de ce bois à cause de son intérêt, ce n'est pas un bois normand. Cette image dut inspirer la gravure de la première planche hors texte de cette étude ; si on compare les deux sujets on voit que les détails sont les mêmes, la disposition seule diffère. L'en-tête du calendrier pour l'année 1821 (planche II) est aussi une copie modernisée du même sujet. Ce dernier a pour texte une *Complainte nouvelle du Juif errant, sur l'air : Comptois à saint Gautier*. C'est la complainte classique qui accompagne encore les images du Juif errant, imprimées chez Pellerin ; pour lui donner un caractère local, Lecrêne-Labbey a ainsi modifié le début du second couplet :

Un jour près de la ville,
Dans un faubourg de Rouen.

Pour augmenter la vente des images du Juif errant, les imprimeurs avaient l'habitude de mettre le nom de leur ville, comme lieu de rencontre du Juif errant et des bourgeois.

Cette suite d'images est un exemple du peu d'originalité de l'imagerie populaire ; si l'on compare entre elles les productions des diverses fabriques, on trouve les mêmes sujets, et beaucoup d'images copiées les unes sur les autres.

La planche XI, *Louis XVIII le Désiré, roi de France et de Navarre, priant pour son frère*, rentre, comme les planches I et XII, dans la catégorie des bois dont nous ignorons l'origine. Nous en avons donné un tirage à cause de son intérêt, nous n'en connaissons pas d'épreuve ancienne et rien ne nous permet de croire que ce soit un bois normand.

L'imagerie populaire à Caen.

Il y eut à Caen plusieurs grandes fabriques d'images. Si jusqu'ici nous

---

1. Page 77.

avons surtout cité des images rouennaises, nous n'allons plus nous occuper maintenant que de celles de Caen ; ainsi se trouve justifié le titre de cette étude : l'*Imagerie populaire en Normandie.*

Nous signalerons d'abord les imagiers les moins connus et nous terminerons par la fabrique de Picard-Guérin.

FABRIQUE DE N.-G. DEDOUIT

N.-G. Dedouit était imprimeur et fabricant d'images, il avait son atelier rue Pémagnie, n° 7, près de la place Saint-Sauveur ; il dut habiter pendant un certain temps au n° 6 de la même rue, car une image porte son adresse avec ce numéro. Dedouit ne dut imprimer des images que de 1810 à 1815. Nous connaissons de lui un cadran d'horloge dont le sujet représente la fable du corbeau et du renard ; une Samaritaine, datée de 1811, et une *Sainte Euphrasine vierge sous son habit de religieux*, datée de la même année, et faisant vraisemblablement partie d'une série de saints et de saintes. Il imprima aussi : *Les quatre vérités du siècle d'à présent ;* nous avons comparé cette image à celle de Garnier-Allabre de Chartres, elle est identique, on a seulement supprimé sur l'image de Caen le nom du graveur Boniot.

FABRIQUE DE LEDRESSEUR

Cette maison était située, 11, rue des Teinturiers, à Caen. Nous avons vu sortant de cette fabrique trois images mesurant 35 centimètres sur 22 : *Moncey, maréchal de l'Empire ; Louis XVIII, roi de France, né le 17 novembre 1755, et Berthier, prince de Wagram et major-général de la Grande armée.*

Il existe à la Bibliothèque de la ville de Caen, une image ayant pour titre : *Le vrai portrait du serviteur de Dieu, Jean Eudes, prêtre fondateur de la Congrégation de Jésus et Marie......* dont le bois est signé Luzie. L'adresse est différente des précédentes : *chez Ledresseur, imprimeur en taille-douce rue Notre-Dame en face la Boucherie.* Le permis d'imprimer et de distribuer cette image est du 20 février 1810.

FABRIQUE DE FAIVREPIERRET

Monsieur Pelay possède dans sa collection l'unique image de cet imprimeur que nous connaissions. Elle mesure 23 centimètres sur 17, et elle a pour titre : *Sainte Anne instruisant la Vierge.* Faivrepierret était *graveur et imprimeur en taille-douce, rue Saint-Sauveur, n° 4.*

FABRIQUE DE CHALOPIN

Monsieur P. Beurdeley, dans un article sur l'imagerie populaire, paru dans la *Revue Universelle* [1], cite Chalopin, imprimeur-libraire à Caen, rue

---

1. Année 1904, p. 555.

Froide-Rue, qui vendait en 1807 des images signées Godard, graveur à
Alençon. Ce graveur est l'auteur de plusieurs bois de l'album de Le Blanc-
Hardel ; une vignette de lui porte la date de 1781 ; il vivait donc à la fin du
XVIII° siècle. Chalopin a imprimé des livres de la Bibliothèque bleue ; il
eut pour successeur Leblanc-Hardel, puis Delesque. En 1788, il existait à
Caen deux imprimeurs du nom de Chalopin, le père et le fils, et ils habitaient
déjà à cette époque rue Froide-Rue, n° 46. L'album d'anciennes gravures
sur bois de Le Blanc-Hardel [1] est un recueil des anciens bois de cette
fabrique. Il contient le bois de *Thomas Helie*, et celui de *Notre-Dame de la
Délivrande* dont nous connaissons des tirages provenant de la maison Picard-
Guérin. Nous ne pensons pas que ces bois aient appartenu à Chalopin, ils
faisaient partie de la collection de Le Blanc-Hardel, qui les a fait tirer avec
les autres. Chalopin vendait dans les foires de la basse Normandie des livres
et des images populaires. Nous n'avons trouvé aucune image de cette
imprimerie.

FABRIQUE DE PICARD-GUÉRIN

Ce fut, croyons-nous, la principale fabrique d'images populaires de
Caen. Nous avons cherché à Caen à recueillir des documents sur cette
maison, mais nous avons consulté les annuaires de l'époque en vain. En
classant les images de notre collection, nous sommes arrivé à établir ainsi
l'historique de cet établissement en nous guidant sur l'aspect plus ou moins
ancien des images et sur les sujets. Le fondateur de l'imprimerie aurait été
Picard-Guérin ; il était imprimeur en taille-douce et fabricant d'images, rue
des Teinturiers, n° 6, il paraît avoir habité au n° 175 de la même rue. Il eut
pour successeur Picard fils. Sur deux images à découper de notre collection,
l'une de dix à la feuille, dont la première est *saint Jean-Baptiste* et l'autre de
quatre à la feuille, dont la première est *J.-C. Sauveur du Monde*, on voit
que sur le cuivre le nom *Guérin* a été gratté et remplacé par le mot *fils*.
Plus tard, on trouve des images, avec le nom d'Alphonse Picard, est-ce
Picard fils qui a ajouté son prénom à son nom, ou Alphonse Picard est-il le
petit-fils de Picard-Guérin ? Nous l'ignorons. Il habitait rue des Teinturiers,
n° 6 ; sur quelques images, nous avons trouvé son adresse rue Saint-Jean, 24.
A. Picard dut avoir pour successeur sa femme, la veuve Alphonse Picard,
dernier représentant de la maison. Nous avons vu une image avec le nom
de Picard seul ; est-ce un ancêtre de Picard-Guérin ? Est-ce Picard-Guérin,
avant son mariage ou son association ? Est-ce le fils de Picard-Guérin ?
Ces questions auront une solution quand l'histoire de la maison aura été
faite avec des renseignements trouvés à Caen.

Nous avons composé une liste des images imprimées à Caen dans la
fabrique de Picard-Guérin ; cette liste est composée en partie avec les images

---

1. Caen. Imprimerie de F. Le Blanc-Hardel, libraire, rue Froide, 2 et 4, 1878.

DÉGRÉS
DES AGES
Cinquante Ans
Age de Maturité
Quarante Ans
Age de ...
Soixante Ans
Age déclinant
Trente Ans
Age Viril
Vingt Ans
Age de Jeunesse
Soixante dix ans
Age de décrépitude
quatre vingt ans
Age de caducité
Quatre vingt dix ans
Age de Décrépitude
Cent Ans
A l'imbécilité
Dix ... Ans
Age d'Adolescence
Dix Ans
Age d'Or
Deux Ans
Age de Puérilité
JUGEMENT UNIVERSEL DU GENRE HUMAIN
Fabrique de Paul Guerin Imprimeur en taille douce rue J. Troubessen N° 176 à Caen

Fig. 7.

exposées à l'Exposition rouennaise d'imagerie populaire pendant l'été de l'année 1907, de documents recueillis au Musée des antiquaires de Normandie à Caen, où se trouve un album d'images de cette fabrique et avec les images appartenant à M. Pelay, ainsi que celles que nous possédons nous-même. En compulsant les pièces de toutes ces collections, nous sommes arrivé à réunir un assez grand nombre d'images. Nos recherches ont été facilitées grâce à des renseignements donnés très aimablement par plusieurs de nos collègues du *Vieux Papier*, en particulier par MM. Paul Flobert, Langlassé et le docteur Mazurier, de Mézidon. M. Ch. Hettier de Caen nous a communiqué plusieurs pièces très curieuses de sa collection.

A la séance du 21 novembre 1880, de la *Société des antiquaires de Normandie*, M. Toutain-Mazeville, informait ses confrères que l'on vendait en ce moment à Caen, sur la place de la Poissonnerie, un grand nombre d'images provenant de la fabrique de Picard-Guérin, et il engageait ses collègues à acheter ces vieilles images, présentant un véritable intérêt. Ce lot provenait d'un fond de magasin et avait été vendu au poids du papier pour envelopper des marchandises. Les amateurs de Caen s'empressèrent de les sauver, et ainsi s'explique le nombre assez grand d'images de la fabrique de Picard-Guérin conservé dans les collections d'imagerie populaire.

Nous ramenons ces images à trois formats, et nous donnerons le nom de *grandes images* à celles imprimées sur deux feuilles collées bout à bout, elles mesurent environ 84 centimètres de hauteur sur 68 de largeur. Les images que nous appellerons *images moyennes* mesurent 61 centimètres sur 42. Et les *petites images* seront celles qui ont 30 centimètres sur 20. Cette classification n'est pas très savante ; elle nous paraît pratique.

Picard-Guérin a imprimé des gravures fines ; nous ne les considérons pas comme de l'imagerie populaire. C'est, par exemple, un garde national, un portrait de Napoléon Ier et des soldats français.

Signalons aussi, de la même fabrique, une image de *Notre-Dame de Grâce*, d'un format plus petit que les images que nous appelons *petites images ;* cette image sera réimprimée dans le recueil d'anciennes images populaires normandes préparé par M. G. Ruel, organisateur de l'exposition rouennaise d'imagerie populaire.

IMAGES DE PICARD-GUÉRIN

A. *Images profanes.*

1° Images moyennes.

Jeu de l'oie renouvellé des Grecs, jeu de grand plaisir et de récréation, avec des couplets moraux aux quatre coins.

Degré des âges, avec l'adresse de Picard-Guérin, rue des Teinturiers, 175 (fig. 7), gravure en taille-douce. Les personnages portent des costumes

Directoire. Nous connaissons deux exemplaires de cette image ; M. Pelay
en possède une en couleur, et nous une en noir. Il existe plusieurs images
de ce sujet provenant de fabriques différentes ; les hommes et les femmes
sont représentés depuis leur naissance jusqu'à leur mort que l'on fixe géné-
reusement à cent ans. On monte un escalier jusqu'à cinquante ans, qu'on
redescend ensuite. La composition de cette image est assez ancienne ; nous
possédons un ouvrage allemand du XVIIe siècle où elle existe.

2e Petites images.

Les quatre vérités du siècle d'à présent. C'est le sujet classique que
nous avons déjà vu chez Dedouit ; les costumes sont plus modernes.

Le grand diable d'argent patron de la finance. Champfleury reproduit
dans son livre une image semblable de chez Glénarec, rue Saint-Jacques, à
Paris. Garnier prétend que la chanson qui accompagne cette image est de
Robbe qui exerçait à Chartres la profession de tapissier, et que cette image
allégorique, souvent copiée, a été composée chez Garnier-Allabre.

L'arbre d'amour. Il existe plusieurs tirages de cette image. Dans le
premier la devise tenue par l'amour dans l'arbre est ainsi conçue :

> Tout peint l'amour
> Tout n'est amour.

Dans le deuxième, dont le bois est plus fatigué, on lit :

> Tout peint l'amour
> Tout est amour.

On retrouve le même sujet à Épinal, chez Pellerin : une image ancienne
et presque semblable à celle de Caen ; une plus moderne et plus grande
présente de nombreuses modifications, les costumes sont modernisés, on a
supprimé plusieurs gestes d'un goût douteux, et remplacé dans la chanson
quelques mots un peu crus ; la devise y est ainsi modifiée :

> Tout peint l'amour
> Tout n'est qu'amour.

Elle est ainsi plus compréhensible que sur les images de Caen.

Les deux tirages différents de cette image, une des plus curieuses de la
fabrique caennaise, appartiennent à M. L. Chanoine-Davranches ; elle a
été rééditée par M. G. Ruel.

Les amours de Damon et Henriette.

Le général Foy.

Murat.

*Louis-Antoine d'Artois, duc d'Angoulême, né à Versailles le 6 août
1775.* Cette image est en notre possession, elle nous paraît être le portrait
de Napoléon Ier ; Picard-Guérin, aurait utilisé le cuivre qu'il possédait sur
lequel il fit disparaître les emblèmes de l'empire. Cette transformation était
fréquente en imagerie populaire à l'époque de la Restauration ; Garnier en

cite un exemple pour sa fabrique, et un autre chez Ledien-Canda, d'Amiens. Nous avons pu nous rendre compte de la manière d'opérer du graveur sur un bois ancien appartenant à M. Pelay où les emblèmes de l'empire enlevés on les a remplacés par ceux de la royauté gravés sur de petites pièces très habilement ajustées ; la tête est restée la même.

Il serait intéressant d'examiner successivement toutes les images caennaises. Cette étude nous entraînerait un peu loin ; nous en donnerons seulement le titre.

Louis Philippe Ier, *roi de France*. Cuivre gravé par Mme Lemarchand.
Bonne sainte Fainéante. Cuivre.
Giraffe (sic) *femelle*. Bois signé Denise.
Cadran d'horloge avec danses champêtres. Ces quatre dernières images font partie de la collection de M. Hettier.

B. Images religieuses.

1° Grandes images sur deux feuilles.

Notre-Seigneur Jésus-Christ, meurt sur la croix. O pécheurs ! Adorez ici votre Dieu.

La passion de Notre-Seigneur Jésus-Christ, mort sur la croix pour nos péchés et nous racheter de la mort éternelle.

Loué et adoré soit à jamais le très saint sacrement de l'autel, le pain des anges.

Représentation du calvaire planté sur le rempart de la ville d'Arras.

2° Images moyennes.

La passion de Notre-Seigneur Jésus-Christ mort sur la croix pour nos péchés.

Le jugement dernier et les souffrances des âmes dans les flammes du purgatoire.

Thomas Hélie. Cette image n'est pas semblable à celle imprimée plus tard chez Alphonse Picard ; elle est beaucoup plus rare.
Saint-Hubert.

3° Petites images.

Jésus-Christ expirant sur la croix.
La fuite en Egypte.
La flagellation de Notre-Seigneur Jésus-Christ.
Saint suaire de Besançon, bois gravé par Vinesse.
Dieu voit tout, Dieu entend tout, Dieu écrit tout et sait tout. (Gravure sur cuivre).
Notre-Dame de Grâce, étoile de la mer. Se vend à Grâce près Honfleur. (Gravure sur cuivre).

A Caen , chez PICARD fils , Imprimeur en taille-douce et Fabricant d'images , rue des Teinturiers , n · 6.

Fig. 8.

La bonne Notre-Dame de Bon-Secours. (Gravure sur cuivre).

Le calvaire de la mission. Bois signé Denise B. G. à Caen.

O ! Ame rachetée de mon sang, comprens la grandeur de mon amour par l'excès des tourmens que j'ai bien voulu endurer pour te sauver. Cuivre signé F. P.

Notre-Dame de douleur. Priez pour nous. (Gravure sur cuivre).

Assomption de la très sainte Vierge, avec cette indication : Mme *Lemarchand, sculpt. à Caen.* (Gravure sur cuivre).

Le calvaire de la mission, précieux souvenir. (Gravure sur cuivre).

Nous avons vu quelques images de saints et de saintes gravés sur bois, ce sont : *saint Martin ; saint Onuphre; saint Juste,* dont le bois est signé *Denise ; sainte Véronique ; sainte Constance* (bois signé *Denise)* et *sainte Hélène impératrice.*

Les saints et saintes gravés sur cuivre sont beaucoup plus nombreux. Ce sont : *saint Jean-Baptiste,* dont il existe deux images différentes ; *saint François de Sale* (sic), qui porte le n° 63 ; *saint Gilles,* avec le n° 19 ; *sainte Pauline ; sainte Eugénie,* gravée par Mme Lemarchand ; *sainte Anne instruisant la Vierge; sainte Joséphine ; sainte Aimée ; sainte Marie ; sainte Rosalie de Palerme; sainte Jeanne reine de France,* n° 30, copie d'une image semblable de chez Basset à Paris ; *sainte Sophie ; sainte Cécile,* n° 14 ; *sainte Marie, mère de Dieu,* n° 7 ; *sainte Catherine, vierge et martyre; saint Ange gardien ; sainte Basile, dame romaine; sainte Justine* et deux saintes sans nom, tenant une palme dans la main, sur l'une de ces images le nom et l'adresse de Picard-Guérin est écrit à l'envers, sur l'autre, de composition différente, on a écrit au-dessous à la main sur l'exemplaire qui nous appartient, *sainte Flore.* Ces images étaient des images passe-partout ; on s'en servait quand les acheteurs demandaient des images de saints que l'on ne possédait pas en magasin.

Picard-Guérin fabriquait également des images à découper. On appelait ainsi des images contenant un certain nombre de sujets que l'on découpait pour mettre dans les livres. Ce sont généralement des images religieuses. Nous avons vu des feuilles de quatre images, dont la première est pour chacune d'elles *sainte Désirée....; sainte Marie-Madeleine....;* et *Jésus-Christ en croix pour nos péchés....*

Les images de huit à la feuille sont assez nombreuses, voici le premier saint de ces images : *saint Pierre...; sainte Clémence...; saint Judes Thadée...; Couronnement de la Vierge...; saint Simon...; sainte Marguerite...; et Notre-Dame de la Délivrande...*

Il y avait aussi des dix à la feuille : *sainte Jeanne, reine de France...; saint ange Raphaël et le jeune Tobie...; et sainte Geneviève...;* qui se vendaient à Grâce près Honfleur ; et une de seize à la feuille : *La Résurrection de J.-C...* Presque toutes ces images sont gravées sur cuivre.

A Caen, chez Alphonse PICARD, fabricant d'Images, rue des Teinturiers, n° 9.

Fig. 9.

IMAGES DE PICARD FILS

A. *Images profanes.*

Nous connaissons un jeu d'oie, avec des *couplets moraux* aux quatre angles, et un duc de Reichstadt (cuivre).

B. *Images religieuses.*

1. Images moyennes.

L'heureuse bénédiction des maisons.
Représentation du calvaire de Jérusalem.
Saint Augustin ; la même image existe sans nom de saint (fig. 8).
Sainte Catherine, vierge et martyre.
Saint Jacques le Majeur.

2. Petites images.

Sainte Virginie ; saint Pierre (cuivre) ; et de nombreuses images à découper.

Quatre à la feuille : *Jésus-Christ. Il est mort pour nos péchés...; J.-C., sauveur du monde...*

Huit à la feuille : *Couronnement de la Vierge...; sainte Clémence...; saint Louis, roi de France...; Pensée divine...*

Dix à la feuille : *sainte Reine...; Jésus par les mérites de votre divine passion, sauvez-nous...; saint Jean-Baptiste...; sainte Stéfanie* (sic)...

Seize à la feuille : *sainte Célina...*

Et une image de dix-huit à la feuille, divisée en deux blocs de neuf images, ce qui permettait pour la vente de couper l'image en deux parties.

Nous avons aussi vu dans les images à découper de Picard fils, une image ne contenant que des étiquettes.

IMAGES D'ALPHONSE PICARD

A. *Images profanes.*

Petites images.

Nous connaissons quatre cadrans d'horloge différents imprimés chez Alphonse Picard ; à la partie supérieure de chacun d'eux se trouve une image. Sur l'un on voit un berger et une bergère; un cadran semblable existait chez Pellerin ; un autre représente un coq : le troisième une scène bachique, et le dernier, le plus original, Cendrillon (fig. 9) ; il porte cette adresse : rue des *Teinturiers,* n° 9, due probablement à une faute typographique.

Il existe au Musée des Antiquaires de Normandie à Caen, deux images d'Alphonse Picard, très spéciales, et sont des personnages et des animaux à découper. L'une contient douze personnages, *Arlequin rusé, Colombine,*

Arlequin des bois, etc., l'autre seize animaux : *Barïroussa, Signe, Quereiva*, etc. M. Hettier possède dans le même genre une feuille de douze personnages : *janot, marquis, scapin*, etc., du même imprimeur.

A. Picard imprima aussi un Léopold Ier (Collection Hettier).

B. Images religieuses.

1° Grandes images sur deux feuilles.

Représentation du Calvaire de Saint-Jacques en Galice.

Voyez chers disciples, les souffrances de notre sauveur, qu'il a bien voulu endurer pour vous sauver de la mort éternelle et vous ouvrir les portes du ciel. Cette image, sur laquelle le Christ en croix est entouré de ses douze disciples dans des médaillons, est semblable à une image dont le bois a été réimprimé par de Liesville, mais ces deux images ne sont pas identiques.

Notre-Dame de Grâce, étoile de la mer. C'est la représentation classique de Notre-Dame de Grâce. Nous avons vu une gravure espagnole datant du XVIIIe siècle, dont la composition est la même.

2° Images moyennes.

L'heureuse bénédiction des maisons. Représentation du calvaire de Jérusalem.

Notre-Dame de Grâce, étoile de la mer, protectrice des matelots et des passagers.

C'est le véritable portrait du bienheureux Thomas Hélie, prêtre de Biville ; on lit sur le côté : *Caen, imp. de Buhour.* Nous pensons que cette image est une réimpression. Le bois ancien existait dans la collection Le Blanc-Hardel. Le portrait du bienheureux Thomas Hélie, prêtre de Biville, en Basse-Normandie, est aussi le sujet d'une image de Pellerin, n'ayant aucune ressemblance avec celle de Caen ; elle n'en a pas la simplicité et la naïveté et ne contient pas le célèbre cantique que l'on chantait sur l'air du Juif errant. Nous avons déjà signalé une autre image de Thomas Hélie, imprimée chez Picard-Guérin. M. Pelay en possède encore une autre, imprimée à Cherbourg, chez Bedelfontaine et Syffert, imprimeurs-éditeurs, rue Napoléon Ier. L'image du bienheureux Thomas Hélie a été rééditée en 1907, par M. G. Ruel.

3° Petites images.

Plusieurs gravures sur bois : *Le bon pasteur*, signé Denise ; *Saint Georges ;* un calvaire, signé *Denise gr. à Caen ; Saint Victor soldat romain ; Sainte Victoire ; l'Image miraculeuse de Notre-Dame de la Bonne Délivrande*, bois signé *Guilbert à Caen ; l'Image miraculeuse de Notre-Dame-sur-Vire*, avec, imprimé sur le côté, *imp. de Buhour, 9, rue Froide*, et au bas, *chez A. Picard, 24, rue Saint Jean*, image probablement réimprimée ; *Sainte Adèle,* et trois saintes différentes sans noms, destinés à servir de passe-partout.

Alphonse Picard imprima aussi quelques images à découper : il fit deux images de *Notre-Dame de Délivrande ;* sur une il existe quatre gravures sur bois semblables, l'adresse y est ainsi modifiée : *imprimeur en taille-douce, fabricant d'images découpées et autres, rue Saint Jean, 24.* Sur l'autre, il y a huit images semblables à la feuille. Il existe aussi une image de dix-huit semblables de *Notre-Dame de Grâce.*

Le même imagier imprima des petites pièces de vers, dans un cadre, destinées à être découpées ; nous en possédons deux feuilles différentes gravées sur bois ; l'une commence par cette poésie :

> L'amour divin parle à ton cœur,
> Crains surtout d'être rebelle
> Si tu veux jouir du bonheur
> Au sein de la vie éternelle.

et les premiers vers de la seconde sont :

> La mort n'a rien d'effroyable
> Pour un chrétien véritable ;
> La foi, dans son dernier moment,
> Le console en lui promettant
> Le bonheur éternèle *(sic)*
> Si à Dieu il fut fidèle.

On trouve aussi de la même imagerie des images à découper gravées sur cuivre, deux de huit à la feuille, dont les premières figures sont *sainte Adélaïde...* et *sainte Marie...* Plusieurs de dix à la feuille : *Ecce Homo...* ; *N.-D. du Scapulaire...,* et *les Pensées divines.*

Dans cette suite d'images à découper peuvent entrer une série de dix-huit saints gravés sur bois chacun dans un cœur, et quinze bons points gravés sur cuivre avec cette indication sur chaque bon point : *Bons points gagnés par....*

IMAGES DE LA VEUVE A. PICARD

A. *Images profanes.*

Petites images.

Deux cadrans d'horloge semblables à ceux de A. Picard, avec une scène bachique et Cendrillon.

B. *Images religieuses.*

Petites images.

Une feuille de huit saints à découper, sans noms ; une autre de douze dont le premier est *N.-S. Jésus-Christ....* et une troisième de dix-huit saints en deux blocs de neuf, que l'on peut séparer pour la vente, dont la première image a pour titre : *C'est par la croix que l'on arrive au ciel.*

Nous avons vu encore plusieurs images provenant de ces imageries, une en particulier que nous n'avons pu classer parce qu'elle porte le nom *Picard* seul, c'est une feuille de saints à découper, de trente-six à la feuille, dont le premier est *saint Aimé...* Ces saints sont gravés en taille-douce, ils paraissent être anciens ; ce Picard est-il un ancêtre ou un fils de Picard-Guérin ?

La classification que nous venons de donner n'est que provisoire. Nous avons hésité longtemps à placer Alphonse Picard à la suite de Picard-Guérin. Après l'avoir fait, nous nous demandons si ce n'est pas lui le créateur de la fabrique ; en général, ses images paraissent appartenir au XVIIIᵉ siècle. Il est vrai qu'il a pu faire des tirages plus modernes des bois anciens qu'il possédait. Si nous avions trouvé des portraits de souverains imprimés par lui, nous serions éclairé. Lui étant l'ancêtre, il faut ainsi modifier la généalogie : Alphonse Picard, veuve Alphonse Picard, Picard-Guérin, et Picard fils.

*
* *

En terminant ces notes sur l'imagerie populaire normande, nous devons dire quelques mots de l'Exposition qui fut l'occasion de ce travail. Elle s'ouvrit à Rouen le 19 mai 1907 ; il y en eut certainement de plus riche, mais jamais Exposition n'a été présentée plus artistement. La vieille maison de la rue Saint-Romain lui servait de cadre.

Au rez-de-chaussée, M. G. Ruel avait reconstitué l'*ouvroir* d'un ancien cartier-dominotier rouennais ; de Hautot. C'est là que l'on voyait colorer au patron les images rares et curieuses rééditées à l'occasion de cette Exposition.

Au premier et au second étage se trouvaient les salles d'exposition garnies de meubles anciens. On voyait, dans le vieux logis de la rue Saint-Romain, non seulement des images populaires, nous en avons décrit et signalé quelques-unes, mais des jeux de cartes, des images religieuses découpées au canivet, dont une, le portrait d'Innocent XI, est une véritable œuvre d'art.

Nous faisons des vœux pour que cette Exposition soit suivie de beaucoup d'autres. Les nombreux collectionneurs rouennais se feront un plaisir d'assurer leur succès en y envoyant les pièces rares et curieuses de leurs collections. Après l'imagerie populaire, il serait indiqué de faire une Exposition de livres populaires normands, et alors il serait possible que nous complétions cette étude par un travail sur la Bibliothèque bleue en Normandie.

ADDITIONS

A la liste des calendriers rouennais, que nous avons publiée, il faut ajouter les pièces suivantes que M. Pelay nous a communiquées depuis le début de l'impression de notre travail :

1816. — *Famille royale de France*, avec portraits gravés par Durouchail, et comme texte : *Testament de Louis XVI*. Lecrêne-Labbey. Calendrier différent de celui cité page 21.

1819. — *La charité romaine*, et *le Bon fils ou le Galérien vertueux. A Rouen, de l'Imprimerie de Ch. Bloquel, rue Saint-Lô, N° 34, près le Palais-de-Justice*.

1826. — Le calendrier que nous avons cité page 23 a pour titre : *Le chien du déserteur*.

1826. — *Trait de vertu, ou le triomphe de la piété filiale,* avec chanson sur ce sujet. *F. Baudry, imprimeur du Roi, rue des Carmes, N° 20.*

1828. — *Évènement militaire arrivé à Bruxelles* et *Assassinat horrible arrivé à Saint-Pierre, département de Seine-et-Marne, avec des détails curieux et intéressants sur la femme à la tête de mort,* et une chanson : *Les heureuses couches de la femme à la tête de mort.* Périaux

1829. — *Individus condamnés par la Cour d'assises de Rouen,* avec une note sur ces individus et des chansons. Périaux.

1830. — *Conseil de guerre suisse, séant à Orléans.* Périaux.

1831. — *Calendrier royal. Trait héroïque et de courage de deux voyageurs qui se sont battus dans les montagnes du Pérou, contre une bête féroce qui avait ses petits, et leur défaite.* Trenchard-Behourt. Ce calendrier est illustré avec le bois de la bête du Gévaudan, du calendrier de 1766. Ce bois se trouve dans la collection de M. Pelay.

1831. — *Calendrier national pour 1831. Glorieuse révolution de Paris, des 27, 28 et 29 juillet 1830. Combat de l'Hôtel-de-Ville. Prise des Tuileries.* Lecrêne-Labbey. Calendrier cité page 25.

1831. — *Calendrier national pour l'année 1831. Honneur aux enfants de la France !!!* Bois représentant la prise de l'Hôtel-de-Ville, signé Feldtrappe. *C. Bloquel rue Saint-Lô, N° 34.*

1831. — *Calendrier constitutionnel. Le vieux drapeau* et *La Parisienne.*

Mégard. Le texte et le bois de ce calendrier sont imprimés en bleu et en rouge.

1832. — *Calendrier constitutionnel. Le réveil du coq* et chansons. Mégard. Calendrier semblable au précédent.

1833. — Le calendrier avec le portrait du duc de Reichstadt, que nous avons déjà signalé, a été imprimé chez *C. Bloquel, rue S' Lô, N° 34.*

1833. — *Bombardement de la citadelle d'Anvers*, avec le récit du siège. *Imp. de G.-B. Delamare.*

1834. — *Histoire d'un joli garçon.* Mégard.

1834. — *Calendrier constitutionnel. Le réveil du coq. Juillet 1830.* Inauguration de la statue de Napoléon. Mégard. Ce calendrier est semblable à ceux de 1831 et de 1832 ; le bois ancien de ces calendriers appartient à M. Ruel.

1835. — *Pierre Corneille, né à Rouen le 6 juin 1606, mort à l'âge de 80 ans*, avec un *Hommage grivois à ·Pierre Corneille*, de Lelièvre, et une note sur l'inauguration de la statue. E. Périaux.

1836. — *Attentat du 28 juillet 1835. Machine infernale*, avec le portrait de *Joseph-Marie Fieschi*, la *machine infernale*, et le récit de l'attentat. Lecrêne-Labbey.

1837. — *Habitants du Chili. Habitants de la Floride*, avec une note sur le Chili et la Floride. Émile Périaux.

1837. — *Histoire d'une jolie fille.* Mégard.

1837. — *La bénédiction des familles.* Christ signé à deux endroits Du Rouchail et Durouchall (?) Mégard.

1838. — Bois représentant des brigands arrêtant des voyageurs. Récit de plusieurs crimes, etc. *Imp. de G. B. Delamare, rue des Murs-Saint-Ouen, N° 5. Se vend chez Radiguet, rue du Ruissel, N° 79, à Rouen.*

1838. — *Prise de Constantine*, avec un *Extrait du rapport du général Vallée.* Périaux.

1839. — *Calendrier mystérieux pour 1839. La fille du Tombeau*, complainte de Lelièvre et texte intitulé : *Mystère. Rouen. Imp. de Surville et Grindel, rue Saint-Antoine, 10.*

1841. — *Calendrier français. Tombeau de Napoléon à Sainte-Hélène* et *Tombeau de Napoléon aux Invalides.* Texte relatif à ces deux images. Lecrêne-Labbey.

1842. — *Arrivée des cendres de Napoléon le Grand, à Rouen, le 12 décembre 1840.* Avec comme texte : *Vol à la dame de charité; Fils qui a fait assassiner son père.* Émile Périaux. (Archives de la Seine-Inférieure, série T, I. 66 [3]).

1843. — *Mort et obsèques de son Altesse Royale Monseigneur le duc d'Orléans.* Mégard.

1844. — *Inauguration du chemin de fer de Paris à Rouen. Les plaisirs des chemins de fer.* Calendrier illustré de deux bois ; locomotive avec wagons et tracé de la ligne. Lecrène-Labbey.

1844. — Rectifier ainsi le sujet de ce calendrier : *Pont suspendu de Rouen. Inondations épouvantables. Effrayantes inondations dans les départements de l'Aube* (sic) *et l'Hérault.* Émile Périaux.

1846. — *Calendrier des faits remarquables pour l'année 1846. Horrible assassinat ; condamnation de Malandin ; complainte à ce sujet. Malheur arrivé à Bolbec. Assassinat d'un vieillard, etc. Imp. de A. Surville. Imprimeur de la Cour Royale, rue des Bons-Enfants, 46.*

1848. — Calendrier des foires, avec les signes du Zodiaque. Mégard.

1851. — *Les Malheurs de Pyrame et Thisbé,* avec le récit de ces malheurs. Bois de Dubuc daté de 1802. *A Rouen, chez Mégard et C*, Imprimeurs Libraires, Grande Rue, 156, et rue du Petit-Puits, 21.*

1851. — Napoléon I* avec pièces de vers intitulées : *L'empereur* et *Le voyage aérien. Imp. V* A. Surville, rue des Bons-Enfants, 46-48.*

1853. — Calendrier impérial. Napoléon III en costume du sacre, avec des chansons populaires : *L'empire c'est la paix,* etc. *Imp. Surville, rue des Bons-Enfants, 64.*

M. Maurice Percheval nous a signalé un calendrier, pour l'année 1820, imprimé chez Trenchard-Behourt, illustré avec la gravure de la place Louis XV, de Papillon, faisant partie de sa collection. Cette gravure avait déjà servi pour un calendrier du même imprimeur, en 1818 ; elle dut être utilisée pour des calendriers plus anciens que nous ne connaissons pas.

M. Léchauguette, de Caen, nous a très aimablement communiqué plusieurs images de la fabrique de Picard-Guérin : un *Nouveau jeu de cartes ; jeu de lindor ou nain jaune* (Picard-Guérin), et deux images représentant les *Différens exercices de MM. Franconi.*

ERRATA

Page 7, 13me ligne, au lieu de : il fut remis à la mode au *début du XVIIIe siècle*, lire : *il fut remis à la mode au début du XVIIe siècle.*

Page 9, note 1, lire : ces quatre planches se trouvent *dans le Recueil des œuvres de J.-M. Papillon,* tome II, p. 8.

Page 10 : Ne pas tenir compte de ce qui est écrit dans le deuxième et le troisième paragraphe sur les almanachs *en feuilles.*

Page 16, 12me ligne, au lieu : *du terre,* lire : *de terre.*

Page 26, 12me ligne, lire : *avec les chansons de Lelièvre, de Rouen.*

TABLE

(Pl. I)

LE JUIF ERRANT

UN

(Pl. II)

CALENDRIER ROYAL

POUR L'AN DE GRACE MIL HUIT CENT VINGT ET UN

GT DIX

CALENDRIER ROYAL

POUR L'AN DE GRACE MIL SEPT CENT QUATRE VINGT DIX

CALENDRIER IMPÉRIAL

POUR L'ANNÉE MIL HUIT CENT ONZE

(Pl. V)

CALENDRIER IMPÉRIAL

POUR L'ANNÉE MIL HUIT CENT DOUZE

Réduction du calendrier pour l'année 1785. (Collection de Mgr LOTH)

(Pl. VI)

CALENDRIER ROYAL
POUR L'ANNÉE MIL SEPT CENT QUATRE-VINGT-CINQ.

EXTRAIT

Des Procès-verbaux des voyages aériens de M. BLANCHARD, faits à Rouen les 23 Mai & 18 Juillet 1784.

1785-JANVIER.	FÉVRIER.	MARS.	AVRIL.	MAI 2.	JUIN.
Dern. Quart. le 3. Nouvelle Lune le 11. Premier Quart le 18. Pleine Lune le 27.	Dernier Quartier le 2. Nouvelle Lune le 9. Premier Quartier le 17. Pleine Lune le 24.	Dernier Quartier le 4. Nouvelle Lune le 9. Premier Quartier le 17. Pleine Lune le 23.	Dernier Quartier le 2. Nouvelle Lune le 9. Premier Quartier le 16. Pl. L. le 24. Der. Q. le 24.	Dernier Quartier le 2. Nouvelle Lune le 9. Premier Quartier le 16. Pl. L. le 24. Der. Q. le 31.	Nouvelle Lune le 7. Premier Quartier le 14. Pleine Lune le 22. Dernier Quartier le 29.

JUILLET.	AOUST.	SEPTEMBRE.	OCTOBRE.	NOVEMBRE.	DÉCEMBRE.
Nouvelle Lune le 6. Premier Quartier le 14. Pleine Lune le 23. Dernier Quartier le 28.	Nouvelle Lune le 5. Premier Quartier le 13. Pleine Lune le 29.	Nouvelle Lune le 2. Premier Quart. le 11. Pleine Lune le 18. Dernier Quartier le 25.	Nouvelle Lune le 2. Premier Quartier. Pleine Lune le 18. Dernier Quartier le 24.	Nouvelle Lune le 1. Premier Quartier le 9. Pleine Lune le 16. Dernier Quartier le 23.	Nouvelle Lune le 1. Premier Quartier le 9. Pleine Lune le 16. Dec. Q. le 22. Der. Q. le 31.

A Rouen, chez P. SÉYER, Imprimeur de son Éminence Mgr. le Cardinal.

Épreuve du bois original appa

LA·CONFRARIE·DE·St CLER·FONDFE·
A·LEGLISE·St MA LOV·DE·ROVEN·

Épreuve du bois original appartenant à M. PE

II-IS
M A
LA·NOBLE·ET·SAINTE· CONFRAIRIE
DE·SAINT·VIGOR·DV·PONT·DE·LARCHE

Épreuve du bois original appartenant à M. PELAY

Épreuve du bois original appartenant à M. PELAY

(Pl. IX)

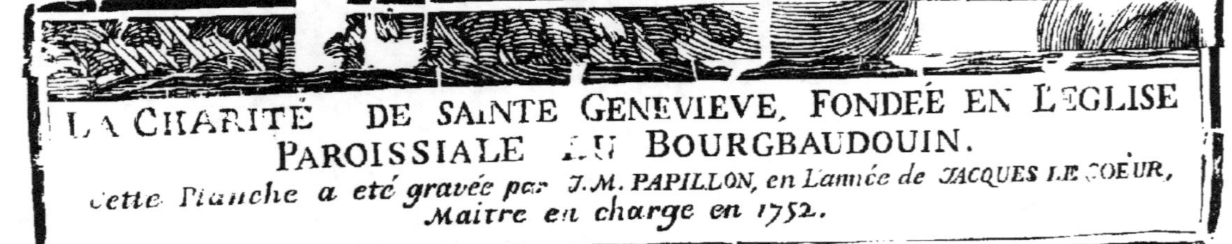

Épreuve du bois original appartenant à M. PELAY

(Pl. X)

LA CHARITÉ DE SAINTE GENEVIEVE, FONDÉE EN L'ÉGLISE PAROISSIALE AU BOURGBAUDOUIN.
Cette Planche a été gravée par J. M. PAPILLON, en l'année de JACQUES LE SOEUR, Maitre en charge en 1752.

Épreuve du bois original appartenant à M. PELAY

(PL. X)

RERE.

LOUIS XVIII LE DÉSIRÉ, ROI DE FRANCE & DE NAVARE, PRIANT POUR SON FRÈRE.

Épreuve du bois original appartenant à M. PELAY

(Pl. XII)

Épreuve de bois original appartenant à M. PIGNAY

(Pl. XII)